谨以此书献给所有不甘于平凡的人

每个人都有潜在的能量，只是很容易：被习惯所掩盖，被时间所迷离，被惰性所消磨。

选择很难，跳槽很累，选对工作，换个思维，成功一定属于你！

换工作不如换思维

最新畅销书

崔生祥◎编著

中国言实出版社

图书在版编目(CIP)数据

换工作不如换思维/崔生祥编著.
—北京:中国言实出版社,2011.1
ISBN 978-7-80250-381-6

Ⅰ.①换…
Ⅱ.①崔…
Ⅲ.①成功心理学-通俗读物
Ⅳ.①B848.4-49

中国版本图书馆 CIP 数据核字(2010)第 213284 号

出版发行 中国言实出版社
地　址:北京市朝阳区北苑路 180 号加利大厦 5 号楼 105 室
邮　编:100101
电　话:64924716(发行部)　64963101(邮　购)
64924880(总编室)　64914138(四编部)
网　址:www.zgyscbs.cn
E-mail:zgyscbs@263.net

经　销 新华书店
印　刷 北京市德美印刷厂
版　次 2012 年 2 月第 1 版　2012 年 2 月第 1 次印刷
规　格 710 毫米×1000 毫米　1/16　15 印张
字　数 200 千字
定　价 32.00 元　ISBN 978-7-80250-381-6/ B·248

前言
Preface

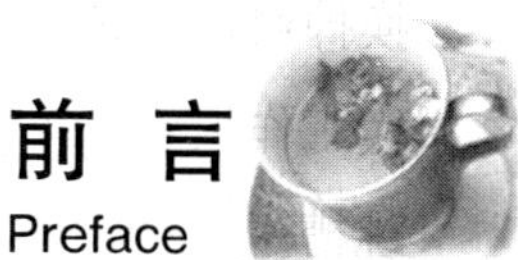

石油大王约翰·洛克菲勒曾说过:工作是施展自己才能的舞台。我们的应变力、决断力以及协调能力都将在这个舞台上得到展示。除了工作,没有哪项活动能提供如此高度的充实自我、表达自己的机会,以及如此强的个人使命感和一种生活存在的理由。由此可见工作对于我们的重要性。

但是据哈佛大学商学院丹尼斯·辛莱克教授的一项调查研究表明,在他调查的500家公司中,有80%的员工视工作为苦役,而且迫不及待地想要摆脱工作的桎梏!为什么如此重要的一个平台,却受不到人们的青睐呢?

不可否认,长时间在同一个公司做着重复的工作,必然会消磨掉最初的激情。加之对工作制度、环境、人际关系等等的不满,也必然会造成人才的离职。对于在职场中拼搏数年的所谓"老员工"们,总是"这山望着那山高",渴望凭借自身的"工作经验"获得更高的职位和薪金,或者更好的发展机遇。另外,尤其是那些刚走出校门,踏上社会的职场新人,由于对工作想当然,一旦有稍微的不适应就会选择跳槽。结果跳来跳去,成了职场"跳跳糖"。

有项调查显示:有60%的跳槽者在跳槽以后产生了挫败感,认为自己的跳槽是失败的。其中还有12%的跳槽者在新公司未能通过试用期。这60%产生挫败感的跳槽者,问题到底是出在新公司还是自身呢?

因此，在我们选择跳槽前，最好先问自己这样几个问题：

换掉目前的工作是否就能解决遇到的问题？

换工作成功的可能性大不大？

跳槽也有风险成本的，万一新的工作更不理想怎么办？

……

如果你对以上问题没有确切的把握，最好还是不要跳了。因为有时候，换工作不是解决问题的万能药，如果一味盲目地跳槽而不去权衡、分析其利弊，就会使自己陷入新一轮的困惑中。有人说，每个人永远做着两份工作，一份是当前所从事的，一份则是自己真正想做的。于是，人们常常把眼光放在别处，而一味地换工作，希望以此来找到更好的发展舞台，结果却往往陷入另一番失意的泥淖中。

有句名言这么说："工作着是美丽的。"要使这种美丽长时间地持续下去，就需要我们换种思维，从另一个角度来看待它。不同的思维能够造就不一样的工作状态，如果你觉得自己目前的工作处处不顺心，不妨把它当作考验自己的机会，认真做好当下，不抱怨不逃避，把自己当成公司的老板，这样你的工作就会充满无限的动力，阴霾的日子也会变得阳光灿烂起来。

如果你还在为是否换个工作而犹豫，或者刚刚萌生出换工作的念头，那么不妨翻翻本书，它没有冗长的论证，没有繁杂的训导，没有深奥的哲理，也没有琐碎的方法步骤，而是以通俗易懂的叙述方式给你最贴心的指导。

与其换份工作，不如换份思维看问题。希望通过对本书的阅读，能使你认清利弊，带着好心情继续踏上工作的征途。

目 录

Contents

第一章 当工作遭遇“七年之痒”

当最初的工作激情被磨得逐渐消逝，你也许产生了倦怠心理；当面对手头的工作之时，却产生了心力交瘁的厌恶感觉……这，也许就说明了你与工作已经进入了“七年之痒”的阶段。当然，“七年”绝不是实际意义上的七年，有时甚至是三年、两年、半年、三个月，在这样一个敏感的阶段，你常常会产生和婚姻一样的厌倦感。那么，是什么因素造成了这样的境况呢？公司？工作本身？还是自己？

第二章 换副好心态，做个跳槽终结者

长时间做着同样的工作，也会消磨掉当初拥有工作时的欣喜。的确如此，人的新鲜感是有时间限度的，当工作激情与热情被消磨殆尽的时候，很多

人会选择离开。不可否认，跳槽有时候会谋得一份如意工作，但更多的是失望和后悔。因此，不妨转换一下思维，为自己营造一个快乐、热情的工作环境，在现今的岗位上做出更加出色的成绩。

第三章 停止抱怨，做实干型员工

比尔·盖茨有句话说：“当你陷入困境时，不要抱怨，默默地吸取教训，积累经验，这些是你成功的必经之路。”在日常工作中，面对复杂琐碎的工作，不要动不动就想着跳槽离开，而是主动用思考代替抱怨，用行动代替牢骚，坦然地应对各种问题。怀着这样的心态工作，才能始终保持着朝气蓬勃、昂扬锐气的“战斗力”，也才能将原本看起来不可能实现的工作轻轻松松地处理妥当。

第四章 你是在为自己工作，而非老板

如果你始终以为别人打工的态度对待眼前这份工作,很可能永远都处于一种从属地位,无法真正获得独立自主,同时还会消磨掉自己的工作热情。事实上,工作绝非仅仅为了老板,也不仅仅为了金钱,因为它是你实现人生理想的重要手段之一。

如果把公司比作一艘船,那么你就应当像船长那样;如果把公司比作一个家,那么你就应当像一家之主那样! 如果你能始终抱着这样的思想去工作,必然会激情满满,对自己的工作充满热情。

第五章 改变环境先从适应开始

每个人的一生都是适应环境的过程,工作也是如此。如果把工作环境比作一片森林,那么其中的每个人就是一棵大树。对于环境,既然我们改变不了,就应积极地去适应它,而不是逃避或者抱怨。人生苦短,适应的过程也是锻炼自身的过程,更是创造不凡业绩的过程。

第六章 不是怀才不遇，是努力的程度不够

如今，因“怀才不遇”而换工作的情况越来越多。出现这种情况有两种原因：一是“千里马常有而伯乐不常有”，即真正的缺少伯乐；另一原因是自我膨胀，高估了自己的能力。有时候并非伯乐不常在，而是我们的努力程度不够。

面对这样的情况，一是要做自己的伯乐，相信是金子在哪里都会发光；二是要找出自己能力欠缺之处，努力去填补。机会总是偏爱那些有准备的人，总有一天，你会在现有的工作岗位上做出属于自己的成绩来。

第七章 与其跳槽，不如享受融入团队的终极幸福

一位职业专家曾说，一个人想要成功，必须学会寻找几匹马来骑。的确，在当今这个竞争如此激烈的社会，通过单打独斗脱颖而出的事例早已是过去式，一个人即使有三头六臂也不可能完成所有的工作，而要实现这一切，唯有

借助团队的力量。由此可见，换工作并不能改变这种境况，当你积极主动地融入团队，努力建立其乐融融的团队氛围时，自然能实现 1+1>2 的目的，到那时，换工作也许只是一句玩笑话而已。

第八章 坚守岗位，提高能力才是硬道理

有些人，当工作一出现问题或者遇到比较难解决的问题时，就会产生退缩或者逃避的想法，于是就想到了跳槽。事实上，这些问题也许并没有想象的那么难，只说明你在某一方面的能力还有所欠缺。其实，只要你能转变思维，时刻注意为自己"充电"，提高自己的能力，就能重新盘活自己的工作，跳槽之事自然搁置不谈。

附 录

第一章　当工作遭遇“七年之痒”

当最初的工作激情被磨得逐渐消逝，你也许产生了倦怠心理；当面对手头的工作之时，却产生了心力交瘁的厌恶感觉……这，也许就说明了你与工作已经进入了“七年之痒”的阶段。当然，“七年”绝不是实际意义上的七年，有时甚至是三年、两年、半年、三个月，在这样一个敏感的阶段，你常常会产生和婚姻一样的厌倦感。那么，是什么因素造成了这样的境况呢？公司？工作本身？还是自己？

1 跳槽，并不是解决问题的最佳途径

如今，跳槽成了一个十分时尚流行的词儿，越来越多的职员热衷于此并乐此不疲，尤其是在职场中拼搏数年的所谓“老员工”更是“这山望着那山高”，渴望凭借自身的“工作经验”获得更高的职位和薪金。另外，因渴望到一个新的环境中发展自己而跳槽者也为数不少。同时，对现有工作制度、环境、人际关系以及各种情况的不满，也造成了大批人才纷纷加入跳槽大军。

据一项调查资料显示：跳槽人群覆盖面非常广，有工作刚满一年的年轻员工，也有工作 6～10 年的职业经理人等中高级人才。但是却有 60％的跳槽者在跳槽以后产生了挫败感，认为自己的跳槽是失败的。其中还有 12％的跳槽者在新公司未能通过试用期。由此可见，这支浩浩荡荡的跳槽大军，正以势不可挡之势“席卷”着各大公司。然而，在“跳槽热”的背后，隐藏着这样一个不得不令人思索的问题：对于这 60％产生挫败感的跳槽者，问题到底是出在新公司还是自身呢？

的确，在一个公司待久了或者长时间重复做同一件事情，会消磨掉人的工作热情，但跳槽决不是解决这一问题的最好办法。因此，且凡有意跳槽者不妨在决定跳槽前先问自己这样几个问题：跳槽是否就能解决一切问题？跳槽成功的可能性大不大？跳槽也有风险成本的，万一新的工作更不理想怎么办？如果不能够把这几个问题弄清楚，万无一失的法子还是不要换。不然，一味盲目地跳槽而不去权衡、分析其利弊，并不能解决所有的事情。

猫头鹰急促而忙碌地在树林里飞着。一旁的斑鸠好奇地问：“老兄，你在忙什么？”猫头鹰气喘吁吁地回答：“我在忙着搬家。”

斑鸠疑惑不解地再问：“这树林不是你的老家吗？你干吗还

要再迁移搬家呢?”

猫头鹰叹着气说:“在这个树林里,我实在住不下去了,这里的人都讨厌我的叫声,我还有什么必要待下去呢?”

斑鸠同情地说:“说实话,你唱歌的声音实在聒噪,尤其你爱在晚上唱歌,更是扰人,所以大家都把你当做讨厌的人物。其实,你只要把声音改变一下,或者在晚上将嘴巴闭上,那么,情况就会大不一样,这样你还是可以住下来的。如果你不改变自己的叫声或者坚持在夜晚唱歌,即使搬到另一个地方,别人同样还是会讨厌你的。”

由此可知,当我们觉得自身所处的环境一团糟,不能再继续融入其中时,逃避并不是最好的方法,关键问题是应让自己静下来并反思:出现这一问题的原因是不是在自己身上。如果是,唯有先改变自己,才能让问题得到解决。否则,不断地“挪窝”只能是对生命的浪费,至于对问题的解决没有丝毫益处。

有专家分析,跳槽的原因有很多,比如只认准一个热门行业,而忽视自己的兴趣和专业背景,或者是在新公司“水土不服”等,这些都会导致跳槽的失败,最终得不偿失。但大多数人都存在单纯以薪资为导向,渴望靠摆脱目前低薪金获得高薪金的状况。这种跳槽原因有时候很可能让自己一夜之间成为“负翁”。如今这类因辞职跳槽而遭遇原公司天价索赔的事件也是频频上演。

何伟原本在一家电力公司从事技术检测工作。在工作开始前,他与公司约定,无论因何种原因离职或与公司解除劳动关系,三年内不得在其他公司从事相同业务,否则认定为违约,应一次性向公司支付其年收入30倍的违约金即450万元,双方在合同上签了字。

但是才过两年,何伟对公司的各方面都感觉到不顺心,工作热情也逐渐消逝,于是就另谋了一个同行业的新“东家”,收入比现在的工作诱人,于是便辞职了。

原公司得知这一情况后,要求何伟立即离开新公司,否则要承担违约责任金450万。何伟不愿意,于是后来双方闹僵了,一举将此事闹到了法庭。何伟为这一事情蒙上了沉重的心理负担,不仅要花费精力和金钱来摆平这事,还耗费了不少时间。何伟真是后悔不该当初贸然跳槽。

先不论签订这种合同的合理性,正是何伟“这山望着那山高”,希望早日获得更好报酬才选择盲目跳槽的。结果不仅愿望没达成,还让自己背负了更多的问题。

跳槽有时非但不能给自己带来发展,还可能是另一种职业的滑坡。另外,从职业生涯上来说,换一份新的工作就如同改变自己先前的职业定位和职业目标。尽管有时候换工作可以给职业生涯带来一线生机,但往往更容易带来倒退和危害,同时错误地换工作还很可能会带来长期的职业低迷,以至于影响终生。所以,跳槽时千万不要意气用事,否则到头来只会越跳越糟。

因此可以说,跳槽不是解决所有问题的关键,有时候很可能的结果是“赔了夫人又折兵”。所以,在跳槽前不妨在一张纸上分别写上现有工作和新工作的利弊,包括职位、薪水、福利、交通、公司前景、企业文化以及领导风格、能给自己带来怎样的长进等方面。还要写下在目前公司所遇到的问题,并认真思考这样的问题会不会在新公司继续上演。经过如此客观、全面地分析后,至于“跳”还是“不跳”就显而易见了。

2 工作也许并非想象的那么糟

工作了一定时间后,很多人会慢慢进入“工作倦怠期”,总觉得自己的工作是如何如何的糟糕,如何如何的无趣,因而提不起工作的兴趣,做起事来也无精打采。IBM前营销总裁巴克·罗杰斯曾说:我们不能把工作看做为了五斗米折腰的事情,我们必须从工作中获得更多的意义才行。

是的，工作是充实、点缀我们生活的色彩之一，不能因为一叶障目而不见泰山。

程辉毕业后顺利进入一家台资企业，各方面的待遇还算不错。但在一年后，他逐渐产生了疲倦感，加之公司安排的住宿地点离工作市区有些远，于是他选择了离开。而且他认为像他这样的高材生找个好工作是不费吹灰之力的。

接下来的大半年里，程辉完全体验了找工作的艰辛，有些工作不是和自己的专业不对口，自己不感兴趣，就是待遇不满意。后来勉强在两家小公司里工作了一段时间，不仅没有了以前台资公司的完善福利，还要自己承担住宿和生活的费用。最后，为了减少开支，程辉无奈选择在较远的郊区租房。

令他后悔的是，这次跳槽前后花费了几个月时间，虽然找到了工作，但远远不及自己当初的工作，而且自己还花费了一大笔钱。他遗憾地想：“和现在的工作比起来，还是之前的工作舒服啊。如果当初自己不选择离开，如今都差不多快成为老员工了，而且年终奖也不会这样不翼而飞。”

不可否认，工作有时是烦琐复杂的，但有时候只要我们换个思维看待，就会发现，它并非自己之前认为的那么不好，甚至比我们现在所拥有的还要好。很多人认为，所谓跳槽，就是换个跑道重新起跑而已，也没什么大不了的。可是，当你到了一个新的跑道时，很多情况往往差强人意。因为跳槽后，既要承受待业期间因没有经济收入而带来的心理压力，还要面对来自外界的竞争压力。而且，即使找到新工作，也不见得就能称心如意。程辉若之前能有这样的认识，也不会让自己白忙活一场。

其实，工作并不只是谋生的手段，当我们赋予它一种使命，并投入自己百分百的努力时，工作就不再是件苦差事。即使在别人看来是何等的枯燥，自己依然坚持认真对待，那么必能使自己的人生随之步入一个全新的境界。

在评选“世界上最糟糕的职业”中，“鲸鱼解剖”就是其中之一。这是怎样的一个工作呢？美国加州圣塔芭芭拉自然历史博物馆脊椎动物学类副馆长米歇尔·伯尔曼深有体会，她这样解释说："当死亡的鲸鱼或海豚被冲上岸时，我和同事就要在第一时间赶往现场，研究鲸鱼遗体。如果是体型小点的动物可以直接带回实验室，但是像鲸鱼这么大的，则须当场解剖处理。"

2007年，一次有条被冲上岸的蓝鲸，由于其体积之大，只能在现场解剖。那天，下着小雨，伯尔曼和同事们穿着黄色雨衣，使用长柄刀子，先把鲸脂一条条割下来，才能见到胸腔。然后他们再有条理地把蓝鲸的各个器官一个个切下，放好，抬离现场（有时要使用起重机），再进行下一步工作。

整个过程，不仅要忍受小雨的侵袭，还要站在及膝深的鲸鱼血里，任凭鲸脂粘住头发，即使那气味几年都不会散尽。而且，新鲜的尸体有种金属气味，而腐烂的尸体则有股臭味，如果切割不当，气体还会发生"爆炸"，把整个内脏都冲出来，弄得满身、满沙滩都是。

按说，这种工作是多么的"肮脏"和无趣，而伯尔曼则不然，她从来没有转行的想法，并说："我解剖的鲸鱼越多，学到的东西就越多。得到的样本越多越可以使整个鲸鱼物种得益。"就这样，伯尔曼很享受自己的这份工作。因此在她后来搜集到的样本证实，一头虎鲸死于沙门氏菌，这种寄生虫导致不少巨头鲸搁浅。而这，正是伯尔曼凭着对工作的热爱，始终不"嫌弃"自己的工作糟糕才取得的成果。

也许别人觉得十分糟糕的工作，但在你看来却是相当的美好。其实，不管别人怎么看，如果自己能够换一个角度重新审视自己当下的工作，就是一种成功。不管你是清洁工、教师还是公司管理者，如果能把自己的工作当成一项神圣的天职，并怀着浓厚的兴趣去做，就会发现工作并非我们想象的那么糟。

3 卧槽有时比跳槽更可取

所谓"卧槽族",是指在职业生涯中,立足做好手头工作,在选定的岗位上扎实工作,不愿冒险跳槽的职场人士。在竞争日趋激烈的今天,跳槽风险也随之增大,保住饭碗,拥有一份稳定的工作成为一部分人的首要任务,因此,"卧槽"一词广泛流传开来。

如果你起点不高,但又想搭上职场上升的列车,那么是采用跳槽的招数好?还是采用"卧槽"的招数好呢?通常我们认为,跳槽是职场上升的捷径,但是从职场专家和职场一些成功人士的例子来看:"卧槽"一样是职场上的阳关大道,有时甚至比跳槽更可取!

28岁的姗姗是一个名副其实的"卧槽族",她在目前所就职的银行工作了5年,却从没跳过槽。

在刚进入银行工作时,薪水不高,也就是做些简单的琐碎活,但姗姗始终相信有付出就有回报,做多做少老板都看在眼里。于是,她踏踏实实地做好自己手头的各项工作,从不考虑跳槽的事情。后来,有些同时进来的同事受不了这种单调的工作,都辞职了。

很不巧的是,那会儿刚好赶上经济危机,很多企业都打算裁员,根本没有招人的计划,所以,那些辞职的同事因此被搁浅了,迟迟觅不到"新东家"。

而姗姗凭着自己的努力和认真,一步一个台阶地往上升,并最终成为该银行驻国外的首席代表,当然薪水也水涨船高。后来,在谈到这段经历的时候,她这样说道:"不要因为'对薪水不满'、'间歇性厌职'等原因而另觅它径。在我看来,把握机遇,一步步迈上上升发展的空间才是获得职业发展的规则。如果掌握了这一规则,不管你的起点高低,你都可以坐上期望的职位!"

跳槽带有一定的风险性，而卧槽则是一种较为稳妥的做法。当然，"卧槽"绝不是没有进步意识，天天混日子而已，而是在现有岗位上将手头工作做得更好。如果你因对工作产生了厌倦感而欲跳槽，但是又没有十分确切的把握，那么不妨保守一些，用卧槽的方式继续努力，将工作做得风生水起。也许过了一段时间后，先前跳槽的想法早已烟消云散。

有这样一个在职场中广为流传的故事：

甲对乙说："我要跳槽，我恨这个公司！"

乙建议道："我举双手赞成。不过，你现在最好选择卧槽，因为目前离开还不是最好的时机。"

"为什么啊？"甲问。

乙说："如果你现在走，公司的损失并不大。你应该趁着还在公司的时候，拼命去为自己拉一些客户，成为公司独当一面的人物，然后带着这些客户突然离开公司，这样公司才会受到重大损失，陷入被动之中。"

甲觉得乙说得非常在理，于是开始努力工作。半年多的努力工作后事遂所愿，他有了许多忠实的客户。

再见面时，乙对甲说："现在是跳槽的时机了，要跳赶快行动哦！"

甲淡然笑道："老总跟我谈过了，准备升我做总经理助理，我暂时没有离开的打算。"

其实这也正是乙的初衷。

因此，工作出现"七年之痒"时并不可怕，可怕的是对"痒"视若无睹，选择逃避或者干脆把跳槽当做救命稻草的做法。殊不知，如果不改变自己的思维，一味地换工作只能陷入新一轮的郁闷当中。

尤其是在年底，坚守自己的岗位，稳坐钓鱼台，是比较实际的选择。因为跳槽会带来工资收入锐减的情形，比如年终奖。同时还有诸多机会成本的丢失。相对来说，还是"卧槽"的好，除非有很好的机会降临，否则不要轻易做出跳槽的选择。这样，你不仅能拿到奖金、提升或加薪的实惠,更重要的是用这些量化的评估作为你职业生涯不断发展中的方向。

4 内部跳槽,不一样的精彩

如果你不想继续做目前的工作,或者很难适应时,不妨尝试着跳到自己渴望的部门或者岗位上去,这也就是所谓的“内部跳槽”。对跳槽者自己来说,内部跳槽可根据“一人多岗,一专多能”的要求,将自己逐渐培养成为复合型人才;对人事管理部门来说,又可从那些“内部跳槽”的信息中发现存在的问题。总之,“内部跳槽”这一同一屋檐下“抄近路”的制度和做法,不仅是节约成本、降低风险的好办法,同时还是防止“肥水外流”的有效举措。

日本索尼公司的“内部跳槽制”一直为人们所推崇:

索尼董事长盛田昭夫有个保持多年的习惯,就是每天晚上走进员工餐厅,并与员工们一起就餐聊天。一天晚上,他忽然发现一个年轻员工闷头吃饭,郁郁寡欢,好像满腹心事。于是,盛田昭夫就主动坐在这个员工对面,与他攀谈起来。

几杯酒下肚,这个员工终于开口了:“我毕业于东京大学,有一份待遇十分优厚的工作。进入索尼之前,对索尼公司崇拜得发狂。当时我认为,进入索尼,是我一生的最佳选择。但是,直到现在我才发现,我不是在为索尼工作,而是为科长干活。我自己的一些小发明与改进,科长不仅不支持、不解释,还挖苦我癞蛤蟆想吃天鹅肉,有野心。对我来说,这名科长就是索尼。我十分泄气,心灰意冷。这就是索尼?这就是我要的索尼?我居然放弃了那份优厚的工作来到这种地方!”

此时,盛田昭夫十分震惊。短短的一段时间内,一项新的劳动人事制度在索尼诞生了。这项制度上规定:公司每周出版一次内部小报,刊登各事业部、研究所、生产车间等用人部门的“招聘广告”，员工可以自由而秘密地前去应聘，而他们的上司无权阻止。

另外，索尼原则上每隔两年就让员工调换一次工作，主动地给他们施展才能的机会。实现这项制度以后，每年有近200人“跳槽”到自己更感兴趣、更能发挥自己特长和创造力的工作岗位上。

就这样，像先前那位有抱负却得不到施展的年轻人的情况再也没出现过。事实上，索尼公司至今都享誉业界，成为在管理、用人等各方面的模范，这不能不说和其所用的制度是分不开的。

如果不是盛田昭夫后来制定的这一措施，公司损失的不仅仅是一个有才的员工，甚至可能是一批。而正是这一“内部跳槽制”的运用，才激活了员工的工作积极性，减少了员工的跳槽率。这对有跳槽打算的员工来说，着实是个好机会。

据一家咨询公司对巴西130家企业的调查显示，有27%的大公司已经实施鼓励员工内部换岗的策略，这主要基于两大理由：一是不愿意让许多有用的人才因不想继续在不适合自己的职位上工作而离开公司，二是公司需要挖掘和培养有管理和领导能力的人才。

其实，内部跳槽和外部跳槽相比有很大的优势。这是由于内部跳槽者对整个工作流程和工作环境会有一定程度的了解，即使是同事，也是以前抬头不见低头见的人，所以你花在重新适应新环境上的时间要比外部跳槽少得多，这就节约了你的时间成本，可让自己更快地进入工作状态。最重要的是，内部跳槽可以带来新鲜感，将先前的焦虑、厌恶以及烦躁感抛弃。有时，还能因此而让自己更加得心应手的工作。

庞静是学文案出身的，目前是公司策划部的一名员工。由于长时间在公司上班，对公司的企业文化非常熟悉，也算是公司的半个元老了。但是近期她却有跳槽的想法，原因是这样的：部门里新来了几个同事，都是有背景的年轻人。他们工作不尽力，喜欢使小心眼，自然成了庞静工作的绊脚石。庞静几次找领导诉说自己的委屈，领导都以一句“忍忍吧”劝她，摆明了就站在新同事一边。发展到后来，领导开始吝于将机会留给他。庞静十分无奈。

正值公司宣传部招贤纳士之际，庞静毅然选择了内部跳槽，从原先的子公司一举跳到了集团公司的宣传办。

令庞静没想到的是，自己以前做过的文案在集团的宣传办早就人尽皆知，而她的文章又经常刊登在集团公司的企业报纸上，在她来之前，宣传部的人就已经传开了。对于庞静的跳槽，集团的宣传办非常欢迎，大家都觉得庞静是个不可多得的人才，在日常工作中也给予庞静很大的发展空间。而且，以前的很多老同事，还主动帮庞静，给她的工作提供了很多支持。这甚至让庞静觉得有些受宠若惊，又有几分窃喜。

跳槽之后的庞静工作起来十分的有激情，似乎完全找到了感觉。集团大型活动里也都可以看到她忙碌的身影。在一次年会上，她还作为活动的组织人员，受到了集团领导的表扬。后来，集团宣传办主任碰到庞静之前所在的策划部领导时说，宣传部就像是捡到了一个宝。而策划部的领导只能尴尬地笑笑。

内部跳槽是对自己职业目标的一个重新发现与规划，不容草率了事。相比辞职的决绝，内部跳槽恐怕更费心力，搜寻目标、协调关系，并且总有前后左右许多细碎事情需要搞定。内部跳槽是把双刃剑，跳得好，可获得更大的发展空间，一旦跳得不好，就将得不偿失。如果你是一个没有实力的内部跳槽者，不仅新部门不认可你，而且同在一个公司，难免会把这种看法传到老部门，这样就会让自己在公司内部变得很被动，职业生涯陷入低潮期。

因此，要规避内部跳槽的风险，关键还是要用自己的实力说话。而且，如果是你主动跳的话，就得先看准另一个部门或集团内部能够为你的职业发展提供的优势，或许它也会让你失去些东西，但你两相权衡一下，要知道自己更看重什么。所以说，明确的眼光和对自己的认定可以让你规避掉很多内部跳槽带来的风险。

5 别因冲动丢了“西瓜”

金九银十跳槽月，跳槽者自然众多。尤其是一些工作时间久了的人，难免会变得心浮气躁，跳槽的欲望开始蠢蠢欲动。根据调查，跳槽者中很大一部分跳槽的原因是由于“生气”、“赌气”等，尤其是对上司和同事有怨言。很多时候，往往由于这些情绪的作怪而引发冲动，从而一怒而去。这类跳槽理由听起来似乎有些可笑，但确实占了不小的一部分。大部分冲动的最终结果是，捡了芝麻，丢了西瓜，让自己悔恨不已。

李铭是一家美资企业的职员，待遇各方面十分不错，而且公司还给交了“六金一险”。但是工作两年后，渐渐耐不住工作内容的枯燥乏味，加之过于复杂的人际关系让她很是头疼。李铭每天都要恭恭敬敬，对老板笑脸相迎；由于同事之间还有帮派，所以说起话来又要出言谨慎，生怕得罪了谁。总之压抑的气氛让她工作起来很不舒服。

尤其是主管她的领导，对工作要求十分严格，稍有不注意就会受到劈头盖脸的批评。对此，李铭每天总是提心吊胆，生怕哪里得罪了她。然而，怕什么就有什么。

一天，李铭上报的财务报表出了点差错(她认为是销售和库房的问题)，顶头的主管对她大发雷霆，她忍无可忍顶撞主管后，哭着冲出了办公室。下班时，她就递上辞职信，愤然离去。

辞职后的前几天，李铭十分得意，心想再也不用看别人的脸色了。过了几天潇洒的日子后，才开始寻找新的工作了。

但是由于辞职唐突的原因，求职十分不顺利，辗转了半月之久，还是没有太合适的工作。实在无奈之下，最后她到咖啡馆应聘当兼职服务员，直至打了两个多月的临时工才算过渡完待业期，而这期间根本没有保险可言。

后来，听原单位的同事说，他们下面的人包括其他部门的同事都“造反”，要那个不合格的主管“下台”。幸亏她的后台是原先的领导，早就已经调走了，最后那位主管也果真被“罢免”，调到其他岗位去了。此时，李铭后悔莫及，早知道如此，忍一忍也就苦尽甘来了，何必还一个人折腾着跑去卖咖啡呢？怪只怪当时自己太冲动，捡了芝麻丢了西瓜。

有句话说：“既来之，则安之。”在一个公司里，恪守本分，表里如一，能静下心来认真做事是获取老板肯定的重要前提。而动不动就冲动失控、频繁跳槽的员工，怎么能安心工作并获得老板赏识呢？所以，即便工作真到了“七年之痒”的时期，也不可全凭冲动行事。这样做的后果只能让自己为自己的冲动埋单。而且，冲动的人更容易频繁跳槽，而跳槽次数多的人往往是企业所不愿招聘的人。因为他们担心你到他们公司后会“后院失火”，即使聘用你，也会对你有疑心，那么你也因此很难有出头的机会。

冲动跳槽不仅会丢掉“西瓜”，有时甚至还会落入伪猎头的陷阱之中。

章枫是公司的销售部门的经理，可以说他所在的公司是他和老板等一群人共同白手起家建起来的，而且几个关键部门的经理也都是当初和老板一起闯天下的元老、功臣。最开始大家相处还都挺融洽，但是渐渐的大家就发觉老板开始有点不对头，似乎在想办法对付他们。章枫对此十分反感。

恰好这时有猎头公司打电话给章枫，并为他提供了一个中外合资企业销售经理的职位，待遇丰厚。章枫想，与其在这里和他斤斤计较斗个鱼死网破，不如漂亮地跳槽离开，扔给他一个成功的背影。

于是，他就辞职了。在递交辞呈的那天他在老板办公室里狠狠把老板训斥了一番，出完气的感觉无比神清气爽，并满心期待着在新职位能够创出一番自己的事业。

但事情的发展似乎跟他开了个玩笑，在那家公司工作没有多少时间，外方就因谈判破裂而从中撤资！在收拾残局中章枫才慢慢了解到，原来这家公司的问题不是一天两天了，今天的结果是早晚会出现的。此时，章枫有些崩溃，听说过无数次的“猎头陷阱”，没想到自己竟然亲尝了苦果。回想当初，如果不是那么意气用事，是绝对不会让伪猎头蒙混过关的。

因冲动而跳槽的人，其实换了环境也不一定能坐稳。这其中关键是找到问题的根本，要不然就是换汤不换药。尽管在一个环境里待了几年，表面看起来好似患了疲软症，实则仍有上升空间。毕竟是自己熟悉的工作环境和人际关系，各方面也都有所了解，即使想改变一下当前情况，也是轻而易举的。

当然，冲动时固然很难平静下来分析一些是是非非，但这一点却十分重要。尤其是要从自身分析原因，如认清角色。这是由于每个人都需要根据自己在群体中的位置，按社会期待的角色说话做事。在工作中，上下级之间总有从属关系，因此要认清自己当前的职业身份，学着去适应老板的管理风格和同事的行事方式，而不是让老板和同事来迁就自己。而且，还要尽量学着控制、宣泄情绪。学会把握合适的宣泄度以及尽量避免直接的正面冲突，同时不要说出和做出无法挽救的话和事，这也是情绪和行为控制的基本原则。

6 跳槽 VS 裁员，别不小心“被跳槽”

当工作了一定年头，很多员工工作的热情度会滑坡。而且在外界的竞争中，很多人出于对梦想、薪水、人际、保障、社会地位等的取舍和渴望，往往会有形形色色的跳槽理由，这种不同理由的汇集使每一个企业都潜伏着一支庞大的跳槽大军。

而且，有这样一个普遍的说法：薪水的增长是伴随着一次次的跳槽而实现的。换句话说,如果你认准了一个地方,几十年如一日地坚持做"爬坡运动",其效果必定远不如在本领域内做跳跃兼登台阶运动明显。很多人正是在这种思想的影响下,开始了自己的跳槽计划。

只是,很少有人想到的是,有些时候换工作的主动权不在你的手里,一不小心,你也许就可能成为"被跳槽"者中的一位。比如说裁员,当公司出于各种原因准备裁员之时,你是否依然坚持着当初"另寻他家"的想法?是否依然觉得自己多年一直从事的工作真的就那么的无趣……当然,裁员对一部分人来说确实是个机会,可以不用绞尽脑汁思考跳槽的理由;可以大大方方地离开公司,甚至心里怀着几分窃喜。但是,对另一部分人来说,却不是如此。

晓燕是学中文的高材生,毕业后在父母的安排下进了一家比较有名的大型国企,任企业内刊的编辑。可以说这份工作十分的稳定,待遇等各方面都非常令人羡慕。最开始晓燕觉得自己十分幸运,不用像自己的同学那般到处忙碌,找不着一份合适的工作。于是,她就一直这样工作着。

但是5年后,晓燕却不这样认为了,她觉得自己像进了围城,觉得自己的工作没有挑战性,工作能力得不到锻炼提高。每月,她的主要工作仅仅是"采访"企业的1～2个优秀员工,把他们的经历、经验、想法写出来;整理公司高层管理人员在会议上的讲话;从网上摘一些与公司所在行业相关的新闻与研究报告等,把稿件交给主编,这些事情与她在大学时编辑的社团小报差不多。

这种不自由,没挑战性的工作一时间成了晓燕的心病,她渴望自己摆脱掉这种工作状态,于是就想到了换工作。而且另一个原因是,国企的人际关系十分复杂,需要时时小心翼翼,这更加让她觉得不舒心。

恰在此时,公司受宏观调控的影响,业绩开始下滑,放出风声要大幅度地裁员。

一时间，公司上下人心惶惶，有的提前开始找新工作，有的托关系走后门希望被裁掉的不是自己……总之，晓燕一下子想到自己工作的“含金量”来。毕竟，如果自己真的被裁掉，新的工作未必自己就满意，而且待遇也不会比现在好。即使到了外企，肯定也有它的弊端……总之，晓燕突然明白自己此时应该做的就是做好手头工作。

从这以后，晓燕的工作态度大为改观，以前采访优秀员工，只是提几个例行的问题，做做记录，再加一些通常的套话来写一篇采访稿，而现在采访时，她开始真正关心他们的想法，探究他们为什么会被企业认可，评为优秀，他们在追求什么等。以前在网上摘抄时，她只关注关键词，并不特别关注内容，现在大部分的新闻与研究报告她都会仔细地看看，了解行业动态。她发现随着自己关注得越多，她对公司及行业的感情也越深。认真工作之后晓燕才发现，自己的工作在简单重复的后面，也有很多“门道”，只是自己以前想法和工作态度不对，没有注意到罢了。

就这样，晓燕对自己的工作兢兢业业，写的人物专访稿件也十分出色。后来裁员名单中自然没有她。这让晓燕倒吸一口气，她觉得幸亏自己提前转变心态，踏实做好自己的工作了。不然，还真不知道去哪里买后悔药。如今，晓燕十分安分地做着自己的工作，再也没有换工作的打算了。

同样的工作内容，同样的工作环境，只因裁员事件的出现，就使整个事情得到截然不同的结果。这正说明了工作的竞争性，以及转换思想的重要性。在当今这个竞争激烈的社会里，你觉得枯燥无味的工作，也许正是别人垂涎的工作。同理，你所艳羡的他人的工作，在别人看来，可能就是“鸡肋”。人，常愿生活在别处！事实上，过好当下，珍惜眼前工作，认真对待工作中的每一件小事，对自己来说都是进步与学习。

社会的发展是个相互选择的过程，工作也是如此，当你选择企业或者工作的时候，企业和工作同时也在对你进行着选择。有时，在你还没回过神时，你已经被淘汰出局——“被跳槽”了。因此，当你处在“七年之痒”这一敏感时期，不要徘徊，不要观望，摒弃压力所带来的焦虑和不安全感，认真对待自己的工作。

7　职业“瓶颈期”，去还是留

随着时代的发展和竞争环境的不断变化，在职场上打拼多年的“老兵们”逐渐进入了“七年之痒”的时期，因此产生了这些顾虑：“这份工作我要一直做下去吗？”、“是不是该换个环境了？”尤其是在职场工作2～3年的人和一些处在30～40岁期间的人，普遍都存在着令人尴尬的“瓶颈期”：有的人觉得厌倦，似乎自己已经搞懂了一切，从而懒得寻求进步了；有的人不思进取，得过且过；还有的人觉得升职无望，灰心丧气；甚至有的人觉得后生可畏，岌岌可危，整天生活在担惊受怕之中……

当出现这一情况时，很多人对是去是留徘徊不定。留吧，对工作已没了新鲜感，失去了往日的激情；走吧，这个年龄的人，顾忌又不少。总之，留，还是走，确实是个问题。但是也不乏有些人，不管是出于生活的压力，还是出于个人发展的需要，多年来一直都安安分分在同一个地方耗着。而当如今一切都有所好转的时候，被禁锢了的心终于开始蠢蠢欲动起来。

凌峰是美国一家制造公司的客服部经理。有海外留学经历，在澳洲拿到硕士学位之后，很顺利地进入了北京一家公司。凭着自己的能力和勤奋努力，终于从一位普通的工程技术人员成为核心技术工程师，同时也买了车、房，在这里安了家。

五年前，在一次人员调整过程中，凌峰做上了客服部主管，之后不久便升为客服部经理。从一名普通的工程技术人员，做到客服经理，可以说一切都十分的顺利。

但是在经理位置上做了很长一段时间之后，他突然发现自己对所从事的工作已经失去了新鲜感，同时他所在的公司也早已进入平稳发展期，很少有人员变动情况。而且工资也几乎没有太大的提升，想要在原公司获得更高的职位已无可能，因此他想到了跳槽。

但是面对着妻子和年幼的孩子以及父母的养老，还有买房时的按揭，重重的生活压力让他知道，这次辞职对于整个家庭来说可能是一次冒险，因为他的工作前景关系到整个家庭的未来。但是不跳槽，难道就这样在这个单位日复一日地继续自己的工作吗？凌峰终于意识到自己遇到了职业发展上的“瓶颈期”。他困惑地想：“如果要跳槽，自己该往哪方面跳呢？要充电，又该从哪里抓起？”

一般情况下，在同一个职位上停留3～4年后，基本上都会感到激情不再，动力不足了，厌倦感也会在不知不觉中产生。特别是对进入“四十不惑”之年的职场人士来说，随着家庭负担的加重，上有老、下有小的生活现状，会使他们在生活的压力下失去了上进心，降低工作激情，减少学习激情，从而只以做好本分工作为目标，或者是抱着困惑不已的态度思索去还是留这一问题。上例中的凌峰正是这种情况。

很多人为了追求更大的发展空间和更好的生活状态，跳槽再择业就成为他心中迫切想要的事情。的确，当意识到自己已经遇到职场“瓶颈”之后，还能够保持平和的心态思索自己的职业规划，这并不是什么坏事，因为从另一个侧面来看，虽然遭遇职场“瓶颈”，但至少表明，在对自己的职场生涯有规划、有梦想。但是，跳槽时要综合考虑自身的个性、气质、专业、特长等，还要对自己的能力、经验、竞争力等因素进行综合的分析和匹配。以明确自己可以干什么，应该干什么和喜欢干什么。而且，到了这个时候，如果不小心换到一个新的环境，说不定会从一个初级职位开始干起，拿基本初级的薪水，和20多岁的年轻人一起竞争，这样肯定是会有压力和辛苦的。事实上，当遭遇职业“瓶颈期”时，除了跳槽这一方法外，最重要的就是在现有岗位上寻找新的途径。

张军在房地产产业中做了好多年了，同事关系融洽，各方面也十分顺心，大家也因此亲切地称之为"老张"。老张原本以为自己会这样一直做下去，直至退休的那天。但是，计划赶不上变化。

由于竞争的加剧，公司调整了以前的政策，要求自己的薪水待遇要和业绩挂钩，这也就是说，以前上班喝喝水，看看报纸打发时间的老张这次也要像新来的年轻人一样，出去跑业务了。这让老张心理十分不舒服，甚至动了跳槽的想法。

但是转念一想，自己年龄已经这么大了，这么多年来没有涉足过别的领域，就是换，能换个什么好工作啊。一时间，老张十分泄气。

一个季度过去了，老张的业绩被新来的年轻人给远远抛到了后面。此时，经理看出了老张的无奈，于是就把老张叫到办公室，说："这个政策确实损害了一部分人的利益，但是从公司的整个发展来说，则是个很大的进步，这不，光这一季度，公司的盈利就超过了之前半年的。不过老张啊，你也是公司的老员工了，虽然现在遇到了一定的困难，其实只要你肯勤奋、多学一些，事业上还是有很大的提升的。现在的年轻人头脑活着呢，咱也不妨适当地向他们学习学习嘛！"

经理这番语重心长的话语让老张醍醐灌顶，从那一天起，老张虚心向身边的年轻人学习，并看一些相关的书籍，努力提高自己的能力，摸清客户心理……一段时间后，凭着老张的热情、勤奋，他与客户建立了良好的关系，业务量自然也水涨船高。这让老张十分有成就感，他在心理默默感谢自己的这段"瓶颈期"，正是这样一个时期，让老张认识到，只要努力就能突破自己的"瓶颈"阶段，走向一个新的时期。

对于职场人士来说，在你经历了起步探索期的"学徒"阶段、适应上升期的大展鸿图之后，忽然有一天或许会发现自己陷入了职业发展的瓶颈期。向上，很难得到晋升的机会；向外，可以选择的方向也不多，与此同时，加薪开始停步，工作越来越重复，日复一日的原地踏步让人心情烦躁。此时，千万不要泄气甚至冲动跳槽，其实此个时期正是积累刚刚开始的时候，积累技术、人脉、客户关系到领导的关系、业内的名气等一切资本。积累好了这些资本，就是自己的一笔财富。

据职业专家表示，当处于“瓶颈期”内，如果能够找到症结所在并突破过去，那么遇到的困难只是暂时的“玻璃顶”；若是无法找到提升的通道，“玻璃顶”就会变成“水泥顶”而封死了自己的出路，从而导致自己今后的职场之路越发艰难。因此，在这个关键时期不要放弃各种机会，要强化学习新知识，将新知识与自己原来的知识形成互补，在实践中强化为竞争力；同时，还可以借助企业这一平台，花时间去培养一个得力的团队，而不是孤军奋战。不然贸然跳槽，就会犯职业道路上才出“狼窝”又入“虎穴”的错误了。

8 不做职场“跳跳糖”

“活着就要做事”说的是一种美国精神，正是这种精神造就了如今的美国。可以说，工作就是做事，这个能够深深影响一个人一生的行为，可能造就你，也可能毁灭你。但是如今的情况却是，很多人往往禁不住各种情况的诱惑和考验，很难在一个职位上长久地待下去。因此，不得不承受“跳跳糖”的各样心理负担。

小欣是毕业于某重点外国语大学的高材生，目前在一家企业做翻译工作。按说收入和各种福利待遇还是不错的，但是小欣却有着自己的烦恼。

小欣最初的理想就是做一名出色的翻译家，所以在念书时期，总是找各种机会充实自己、让自己接受锻炼。因此在刚工作的那会儿，可谓激情满满。每天上班好像感觉不到累似的，即使白天忙碌了一天，下班后还是坚守在岗位上加班。对她来说，那些密密麻麻的字符好像一个个可爱至极的小精灵，勾起了她对工作的无限乐趣和激情。

但是两年后，随着时间的流逝，有一天小欣突然觉得自己生活得太累了，身心疲惫。好像生活中除了工作还是工作，在这种情绪的影响下，小欣的工作激情渐渐地消磨。每天早上再也不是早早地到公司，而是踏着点来；每天神采奕奕的表情再也见不着了，取之而代的是一张没有任何表情的脸，让人看了就觉得十分疲倦；下班后再也见不着小欣加班的身影……不仅如此，工作上不仅频频出错，还没以前出效率了。

无奈之下，小欣一纸辞职书递给了人力资源部。她以为自己的理想会在下一份工作中实现，但是却事与愿违。辗转许久，才找到另一份翻译工作，然而还没过三个月的试用期，她就又一次跳槽了。如此几次，一年过去了，她已经反复换了四份工作，其中两个还不是翻译类的工作。究其原因，不是因为薪酬不满，就是因为工作烦琐，甚至觉得公司“庙小”，总之，最终她还是一名在家的待业者。

像小欣这样的情况还真不少，很多年轻人把工作的想得太过简单，以为只要工作就能实现自己的职业目标。曾有人这样说，每个人永远都做着两份工作，一份是当前所从事的，另一份则是自己真正想做的。正是如此，很多人常把眼光放在别处，一味地换工作，希望以此来找到更好的发展舞台。而这样做的结果，恰恰会使人陷入另一种失意的泥潭中。

事实上，再令人心动的工作本质上都是一样的，长时间重复同一种工作，难免会让人变得机械，工作上也不再有激情和动力，甚至一提到工作就会显得不耐烦，而且时不时出现头痛、无精打采、心理压力大以及自卑、心情烦躁、工作效率低等亚健康反应。当出现这种“七年之痒”的情况时，关键问题不是换不换工作，而是如何在现有岗位上拓展自己的事业。有时候，换工作并不是解决问题的万能药，而积极行动起来，调整好心态，充实自己的能力才是最主要的。

曾有一位行医20年之久的医生这样说过:“工作上的疲惫、厌倦谁不曾有过呢?这其实是很正常的情绪,当有了这种情绪时,不要想着随意换工作,而应积极主动地采取解决办法,调整自己。在我行医的这些年头,即使遇到工作上的难捱期,也从来没有放弃的想法,因为自从我决定学医的那刻起,我就打算要一直干下去。别人可能因为一时厌倦对工作失去兴趣,但医生则不同,或者说很少有人这样。”

“此处不留爷,自有留爷处”的想法和行为看似洒脱,但当处于工作“发痒”期时,如果选择逃避或者干脆把跳槽当成救命稻草的想法和做法都是不可取的。或许对于二十几岁的年轻人来说,这样想没有问题,多换几家单位也算是丰富一下自己的阅历;如果30岁时还有这样的想法和做法,只能说你童心未泯;至于35岁时还在做没有方向的“跳跳糖”,也许,你该转换思维,甚至找个职业顾问了!

第二章　换副好心态，做个跳槽终结者

长时间做着同样的工作，也会消磨掉当初拥有工作时的欣喜。的确如此，人的新鲜感是有时间限度的，当工作激情与热情被消磨殆尽的时候，很多人会选择离开。不可否认，跳槽有时候会谋得一份如意工作，但更多的是失望和后悔。因此，不妨转换一下思维，为自己营造一个快乐、热情的工作环境，在现今的岗位上做出更加出色的成绩。

1 好心态成就好工作

美国成功学院曾对1000名世界知名成功人士做过一项调查，研究结果表明，积极的心态决定了成功的比率占85%！哈佛大学商学院丹尼斯·辛莱克教授也做了一项调查，对象是500家公司。结果显示：有80%的员工视工作为苦役，而且迫不及待地想要摆脱工作的桎梏。

这两个调查结果表明，心态在工作中是十分重要的。在同一个公司，为什么有的员工是先进、是模范，并且取得了出色的工作业绩；而有的员工尽管有过多年的工作经历，却连自己的本职工作都难以胜任。究其原因，就在于对工作态度的认识不同，对工作中出现困难时的心态不同，还在于谁更积极、更努力、更认真、更负责，谁对待工作是尽心尽力、积极进取，谁对待工作是敷衍了事、安于现状，而不仅仅是聪明才智、业务技能或工作能力上产生的差距。

积极的心态和一个人的成功之间有着密切的关系：积极的心态是太阳，照到哪里哪里亮。

为了了解人们对于同一个工作在心理上所反应出来的个体差异，有位心理学家来到一所正在建筑中的大教堂，对现场忙碌的建筑工人进行访问。

心理学家看见第一个工人，就问："您在做什么？"

第一个建筑工人无精打采地回答说："还用问吗，你没看到吗？我正在用这个重得要命的铁锤，来敲碎这些该死的石头。这些该死的石头又那么的硬，害得我的手酸麻不已，这真不是人干的活儿！"

于是，心理学家又问第二位工人："请问您在做什么？"

这位工人有些无奈地回答说："我在做每天50美元工资的工作。若不是为了一家人的温饱，谁愿意干这份敲石头的粗活?”

于是心理学家又找到第三位工人,问:“请问您在做什么?”

第三位工人的眼光中闪烁着喜悦:“我正参与兴建这座宏伟华丽的大教堂。落成之后,这里可以容纳许多人来做礼拜。虽然敲石头的工作并不轻松,但当我想到,将来会有无数的人来到这儿,在这里接受上帝的爱,心中会激动不已,也就不感到劳累了,这是多么美好的一个工作。”

同样的工作和环境,为什么不同的人会有如此截然不同的感受呢?对,是心态,当你抱着积极的心态对待你的工作时,整个工作都是值得欣赏和赞美的;而当你以消极悲观的心态来看待你的工作时,一切都是灰暗的。我们不妨顺着这一思路继续分析和设想:

第一位工人,典型的悲观主义者,是个无可救药的人。在不久的将来,他可能不会得到任何工作的眷顾,甚至可能成为工作的弃儿,完全丧失了生命的尊严。而最终的结果是,他不得不干了一份自认为十分糟糕的工作。

第二位工人,是处于消极和积极之间的一种人,这类人对工作没有责任感和荣誉感。对这类人报有任何指望肯定是徒劳的,他们仅仅为薪水而工作。这类人通常不会被企业所信赖、委以重任,也必定得不到升迁和加薪的机会,更难赢得社会的认可。而他的最终命运是,为了一点蝇头小利斤斤计较,始终处于穷困交迫中。

第三位工人,是值得表扬的乐观主义者,在他看来,工作着就是美丽的,工作也是创造价值和实现梦想的过程,毫无疑问,这类员工是具有高度责任感和创造力的人。唯有这类员工才能真正体会到工作的乐趣和意义,也是最优秀的员工,社会最需要的人。我们可以假设这个员工后来成了这家辉煌壮丽教堂里的管理员,每天在这种光鲜的环境中依然乐观地做着轻松愉悦的工作。

也许在过去的岁月里,你可能时常怀有类似第一位或第二位工人那种消极看法,对工作没有丝毫激情,永远抱着消极的想法。但是从现在起,试着向第三位工人学习,学习他为生命的尊严和人生的幸福而努力工作的积极态度。

心态积极的员工,知道自己工作的意义和责任,并且永远保持着全力以赴的工作态度。他们在为企业创造价值和财富的同时,也在不断丰富和完善着自己的职业人生。一个企业的成败与否,与这部分员工有着密不可分的联系。他们是每一个企业、每一位老板都极力寻求的人才,他们才是所有企业最器重的员工!

美国的西雅图有一个很特殊的鱼市场,人们都说在那里买鱼简直是一种享受。

尽管市场里免不了鱼腥味,但迎面而来的是鱼贩们热情的招呼声和欢快的笑声。他们就像是球场上合作的棒球队员,让冰冻的鱼像棒球一样,在空中飞来飞去,大家互相唱和:“啊,8条鳕鱼飞往佛罗里达去了,5只螃蟹飞到堪萨斯喽。”这是多么和谐的工作,充满着乐趣和欢笑。

有人问在这里卖鱼的人:“你们在这种环境下工作,为什么还能保持乐观的心情呢?”

对方回答说,在这种环境下工作本来就够累的了,与其消极工作,不如改变工作的品质,以积极的态度投入这种环境中。因此,在这里上班的人,总是把卖鱼当成一种艺术。所以,创意总是一个接着一个,笑声总是一串接着一串,成为鱼市场中的奇迹。

在这种环境下,大伙练的时间长了,个个身手不凡,甚至可以和马戏团里的演员相媲美。他们这种工作气氛还影响到了附近的上班族,他们常到这儿来和鱼贩们一起用餐,感染他们乐于工作的好心情。而且,有不少没有办法提升工作士气的主管还专程跑到这里来询问:“为什么一整天在这个充满鱼腥味的地方做苦工,你们竟然还这么有干劲儿?”事实上,他们已经习惯了给这些不顺心的人排忧解难。

有时候，鱼贩们还会邀请顾客参加接鱼游戏，即使怕鱼腥味的人，也很乐意在热情的掌声中一试再试，意犹未尽。每个愁眉不展的人进了这个鱼市场，都会笑逐颜开地离开，手中还会提满了情不自禁买下的货，心里似乎也会悟出一些道理来。

在这里工作的鱼贩们，用他们乐观的心态成就了一个品牌，因此吸引着越来越多的顾客。

当工作中遇到不顺时，不妨这样劝诫自己：我就是自己的主人，我完全有能力主宰自己的心态！只有放弃悲伤和哀愁，忘记怨恨和气愤，以胜利者的姿态挑战自我，就能战胜困难，迎接新的生活。

当然，如果你对工作一直抱着悲观的态度，可以试着培养自己的积极心态。实践证明，积极心态能够通过不断地努力培养起来。伟大的成功学家拿破仑·希尔正是用他的积极心态学理念激励着一批又一批的人取得了成功。比如，你可以尝试避免说消极词语；学会自我激励；树立心中的偶像，使自己的言行像你心目中所希望的那样；学会用美好的心情去感染别人……如此下去，你就可能真的成了工作中的最乐观积极的人，而你，或许再也不会觉得工作无味，而动摇换工作的念头了。

2　把工作当成一种乐趣

“把工作当成一种乐趣”是很多人都会说的一句话，尤其是刚刚毕业，走出学校大门的毕业生们更是常将此话当成自己找工作的“敲门砖”，希望以此打动面试官，获得一份好工作。但同时也有一些频频跳槽的人会说：“又不是我喜欢的工作，我干吗要喜欢它啊？”“薪酬低，又没有前途，让我怎么将它当做一种乐趣呀？”

的确，工作有时是乏味的，让人提不起兴趣，但有句名言这么说：“工作着是美丽的。”俾斯麦也曾这么说过：“工作是生活的第一要义。不工作，生命就会变得空虚，就会变得毫无意义，也不会有乐趣。游手好闲的人不能感受到真正的快乐。对于刚刚跨进社会门槛的年轻人来说，我的建议只有三个词：工作，工作，工作！”可见，工作在我们的生活中占据着多么重要的位置。

比尔·盖茨曾经说过：“一个人做什么事都会有成功的希望，只要他肯热心工作，提起兴趣，纵使工作枯燥或繁重，也不会觉得辛苦。一个专门要别人监督他工作的人，永远不会有出人头地的一天。”

微软前副总裁李开复经常在周末碰见一位微软的研究员开车出门，他问这位员工做什么去，那位员工总是回答说是去见女朋友。

后来，一次偶然的机会，李开复在办公室看见他，便问他：“你的女朋友在哪里？”

那位研究员笑着指着电脑说：“就是它呀。”

李开复听完这话非常感动。

是啊，工作就要乐在其中，就像和它谈恋爱一样，去喜欢它，迷恋它，倾注全部的真心——就如事例中的年轻人一样。反之，如果你认为自己所做的工作完完全全是一种折磨，就像炼狱一般的人，往往会被视为单位中的平庸、碌碌无为者。相反，认为自己做的工作是一种享受，把工作当成一种乐趣时，不仅能将其做得更加出色，还能让老板看在眼里，记在心里，成为深受老板喜欢的优秀员工。有这样一则对工作充满乐趣的例子，至今让人记忆犹新。

萨姆尔·沃克莱是一名旋车工，他的工作就是旋螺丝钉。每天，看着那一大堆等待他去旋车的螺丝钉，萨姆尔·沃克觉得这简直就是在浪费时间，心想自己干什么不好，为什么偏偏来旋螺丝钉呢？

于是，他想过找老板调换工作，甚至想过辞职，但仔细想想都行不通，最后寻思能不能找到一个积极的办法，使单调乏味的工作变得有趣起来呢。

后来，他想到了一个办法，就是和工友开展比赛，看谁做得快。这个办法果然有效，他们工作起来再也不像以前那样乏味了，而且效率也大为提高。这样，沃克莱再也没有过辞职的想法了。不久，他的改变就被厂子里的领导发觉，于是他就被提拔到新的工作岗位。后来，沃克莱成了著名的鲍耳文火车制造厂的厂长。

我们都有这样的一种经历：当我们在做一件事情的时候，如果发觉其中并没有什么乐趣，享受不到因为做这件事情带来的快乐，就很难做下去。如果能从中体会到乐趣的话，我们便会投入更多的热情和精力把要做的事情做好。因此，对一个员工来说，只有培养和发现工作中的乐趣，我们才能更好地完成自己的本职工作，才能成为深受老板喜欢的员工，也才能成为卓越的员工。

“七十二行，行行出状元”。这不仅强调了每一项工作的重要，更说明了每一项工作都大有可为。工作带给你的是快乐还是折磨，主要在于你对工作的态度。对于自己所从事的工作，爱与厌，苦与乐，大都存乎于一念之间。同样一份工作，有人天天心情舒畅，把工作当享受；有的人成天郁郁寡欢，认为自己的工作不好。如果一个人整天鄙视、厌恶自己的工作，那么他必定失败，因为引导我们成功的是真挚、乐观的精神和意志，而非对工作的厌恶甚至鄙视。

有位刚毕业不久的年轻人，反复跳槽，最后在杭州一家车间做普工。但他还是觉得工作环境以及待遇各种问题都不顺心，总是向他的女朋友说起自己的工作是如何如何的无趣，如何如何的单调和乏味，自己又是如何煎熬地度过每一天。

最开始的时候，女朋友还安慰他，劝他先好好安心工作，不想其他，但是这个年轻人依然每天向自己的女友倾倒自己心中的“垃圾”，时间久了，他们吵架的日子就越来越多了，慢慢地两个人的感情破裂，最终只好分手。

命运对每个人都是公平的，即使暂时的不顺也不应将其当成工作中的绊脚石，咬咬牙，兴许就能迈开步，走出这段看似阴霾的日子。但怕就怕一些人经不住时间的考验,认为自己的工作总是充满着单调的色彩,把工作当成一种苦差。其实,如果我们能在行动上找幸福,忘记生活的艰辛,用旺盛的精力、充分的耐心和良好的状态去迎接每天的工作,我们才会变得对自己和对他人更有价值。

或许你正在为办公室里枯燥乏味的生活而大感无奈;或许你正在埋怨自己的工作是那样的机械和单调而打算离职。但无论怎样,如果我们要在这个社会中得以生存和发展,就必须工作。工作是我们维系命运的根本,只有避免将工作当成一种谋生的手段,而是将其当成一种享受,这样才能为工作投入,甚至会为它痴迷,这样所有的困难都会变得轻松起来,生活的大门才会一直向我们敞开。所以,与其换份工作,不如换份心情,带着对工作的热爱,重新踏上征途。

3 干一行,爱一行

人们都希望找到一份与自己的兴趣、专业、能力相匹配的工作,尤其是刚踏入社会的年轻人,更是将喜欢与否当成是选择工作时的重要标准,甚至一些人正是因此不如愿而不断地变换工作。然而世事岂能都尽如人意,企业并不会因为你有兴趣就为你敞开大门。有时候,你往往只能找到一份相对满意,甚至是不满意的工作。但是,工作好似恋爱,若想获得稳定幸福,不再四处飘泊,首先就得爱上你的工作。只有抱着“干一行,爱一行”的想法,为工作倾注真挚的热情,才能将工作做好。

但是如今,“干一行,爱一行”的想法在有些人看来似乎有些落伍了,很多人为了优厚的待遇稳稳地待在一个岗位上。事实上,他们并没有爱上自己的工作,因此工作起来激情不再。也有一部分人抱着“爱一行,干一行”的想法,活跃在各个企业之间。总之,“干一行,爱一行”就像一个不太受人欢迎的孩子,还在继续努力着让更多的人接受。

虽说干一行,就要爱一行,但是由于能力、经验等原因,很多人并不能一进入公司就得到晋升机会，但是如果能够将手头的工作当成一种积累和铺垫，以虔诚的心态去对待，他就能最终走向自己梦寐以求的成功。

陈洁是一个相貌和成绩都不很出众的女孩，理科出身。毕业后，她应聘到一家公司做秘书，整天也就是写写公文报告。但是她却做得非常踏实，她觉得自己学习成绩不是很好，又不是科班出身，而且也没有什么社会关系可以依靠，不如踏实做好来之不易的工作。最开始的时候，工作十分琐碎，端茶倒水、打杂跑腿什么都得做，还要记考勤算工资，兼行政负责办公用品领用。但是她却做得十分有劲儿。她常说："高兴也是上一天班，不高兴也是上一天班，为什么不开开心心地做事情呢？"

就这样，陈洁在公司一做就是六年，这六年来，陈洁从中学习了很多，又懂行政又懂人事。后来就被一家中型企业挖过去做了办公室主任，她笑着说："人家就是觉得请我成本低，因为我是秘书转过来的，比资历高的人工资低。"

两年后，企业扩大了好几倍，陈洁也升任了人力资源总监。后来，她又被现在的公司高薪聘为主管人事行政的副总。

在后来的一次同学聚会上，大家问她成功的秘诀是什么，她的回答令同学们有些不敢相信。她说："没有捷径可走，也没有什么神奇的，就是对待工作要'先结婚再恋爱'，然后发自内心地爱上它，爱到无怨无悔，爱到付出所有。"

对于那些抱着"爱一行，干一行"或者频繁换工作的人来说，这个例子可以说给了他们很好的警示作用。一味地换来换去，最终让自己沦为一只活跃的"跳蚤"，却终究成不了工作中的"常客"。其实，无论你在什么企业，也不管你从事什么工作，如果想使自己的工作更加充实、充满乐趣，就要从现在开始爱上你的工作。

可以说，医治职业倦怠症的最佳药方就是学会爱上你的工作。从现在开始，爱上工作并把工作当做一种享受吧！在享受工作的过程中拼搏奋进，你必然能够干一行、成一行，必然能够跨越平凡、成就卓越！

一个妙龄少女来到东京帝国酒店当服务员。但让她万万没想到的是，上司竟然安排她去洗厕所！这是谁也不愿干的活，更何况她是一个从未干过粗活的细皮嫩肉的小姑娘。

一开始，她碰到马桶就恶心难耐，她也困惑、苦恼过，甚至想过辞职。正在此时，一位前辈出现在她面前。

那位前辈二话没说，一遍遍地抹洗着马桶，直到光亮如新，然后，他从马桶里盛了一杯水，毫不犹豫地喝了下去！然后，朝她笑了笑。

这位姑娘十分吃惊，愣了几秒钟后她终于意识到：前辈无声的行动是在给她做榜样，而那个富有深意的微笑里，既有关注，也有鼓励。直到这时，姑娘才如梦初醒，她不禁痛下决心："就算一辈子洗厕所，也要做一名最出色的洗厕人！"

从此，她发自内心地爱上了自己的工作，一遍又一遍地认真清洗马桶以及厕所里的卫生，任何一个角落都不错过。正是她的这一精神，果然使她成了最出色的洗厕人，而她也由此踏上了自己的成功之路。后来她成为了日本政府的邮政大臣，她的名字叫——野田圣子。

即使你现在所从事的工作不是你最中意的，但是既然已经选择了，就应该全身心地投入其中，拒绝任何借口，努力把它做好。而这样做的前提，就是要首先爱上你的工作。正如古里奇公司的董事长大卫·古里奇认为："成功的第一要素是喜爱你的工作。如果你喜欢自己所从事的工作，哪怕工作时间再长，你却不觉得是在工作，而是在做喜欢的游戏。"

因此，无论我们选择怎样的职业，身处哪一个位置，要想就业、要想立业，"干一行，爱一行"的教诲永远不会过时。如果你现在正打算换工作，想想这句话，可能会让你获得意外的机会；如果你现在已经就职，记住这句话，可能会让你在事业上闯出另一片天地。

4　带着快乐去工作

对于工作，相信很多人都有过美好的期望，也有过很好的规划，然而，进入职场之后，大多数人会绝望地发现，实现一些简单的想法都那么艰难。于是，有的人骑马找马，开始了慢慢寻觅之路，希望找到适合自己发展的“新东家”。因此，工作慢慢地成为一件让自己不满意，甚至不快乐的事情。

其实，工作中固然有平淡无味，也有琐碎、繁重的任务，有时还会为工作上的某种失败而气馁……但我们如果能时常怀着一颗快乐的心去面对这一切，便能从腐朽中发现神奇，从平凡中寻到精彩，从失败中吸取教训。更能让自己积极地去营造自己的工作，在快乐中工作，在工作中享受成功，做一个真正的职场情绪“环保者”。

有一支淘金队伍在沙漠中行走，大家都步履沉重，痛苦不堪，只有一个人快乐的走着。别人问：“你为何如此的快乐？”

他笑着说：“因为我带的东西最少。”

原来快乐如此简单，只要放弃一些自己难以承担的负累，少一些苛求，我们就可以做到知足常乐了。

是啊，快乐是内心的一种选择，与外在条件没有必然的联系。如果你死死盯住工作中的缺点，并不断地将其放大，那么快乐就会与你无缘。正如林肯所说：“你想要自己有多快乐，你就会有多快乐。”

加拿大广播公司曾经制作了一个以快乐为主题的电视节目，节目组一共走访了四十个国家的数百位快乐的人，得出了下列结论：想要快乐，不需要富有、名气与美丽；快乐的人具有肯定自己、不怕挫折、醉心工作、顺其自然、通情达理、继往开来六项特质；长期的快乐与财富、地位、权势、美貌等外在条件无关。这不正说明了快乐是十分容易和简单的吗？

当然，如果你坚持觉得自己是办公室最不快乐的人，那么你就会时时被冤屈、不满、愤懑所缠绕。久而久之，你自己可能都有一种错觉，你就是全天下最悲惨的人。所以，为什么不想像自己是个快乐的人？这样的话，你的脸上才会充满由心里所生发出来的知足和快乐。

阿杰是一家面包房的员工，每天的工作就是不停地做很多相同的汉堡，虽然工作没什么新意，但是他却十分快乐，总是用满怀善意的微笑来面对他的顾客，几年来一直如此。正是他的这种真挚、纯真的快乐，感染了很多人。有人不禁问他，“为什么对这样一种毫无变化的工作感到快乐？究竟什么让你充满热情？”

阿杰回答道：“我每做出一个汉堡，就知道一定会有人因为它的美味而感到快乐，那我也就感到了我的作品带来的成功，这是多么美好的事情。我每天都会感谢上天给我这么好的一份工作。”

由于阿杰的快乐心情，这家店的生意越来越好，名气也越来越大，最后终于传到了公司总管的耳朵里，于是，阿杰得到了总公司的一个重要职位。

快乐不是赚来的东西，也不是应得的报酬；快乐不是生产的产品，而是我们思想愉悦时的生活。与其在一种沉重的压力下工作，不如把快乐带进工作中，这样就不会因为工作压力而导致糟糕的情绪了。无论是在工作中还是生活中，都不会因此而失去乐趣。

有位年轻有为的教授十分喜欢摇滚音乐，在给学生上课时总显得十分快乐，学生们也特别喜欢听他的课。事实上，他所教的科目完全和有趣挂不上边，而是枯燥乏味的统计学。

一次在课前，那位年轻的教授正在和学生聊天，突然上课铃声响了。只见此时，他立即跳起来收拾东西，然后笑着说：“老式摇摆舞！”

这让他的学生十分感慨：碰上这样的老师真是有幸。他能把每次的教书工作当成一次摇滚乐团的演出！

其实想想也有道理，如果在工作上能够保持同样的快乐心态，将看似枯燥的工作注入快乐的音符，那么无论是谁都能在工作这个舞台上演奏出最华美的乐章。

而且快乐的心境还能帮你换个思维或者角度看问题，再多的责任、再烦琐的任务也能轻松应对，顺利完成。

不过，如果你对工作提不起一点儿兴趣，整天郁郁寡欢，即便你是一个才华横溢的人，也无法享受到工作带来的快乐，永远只能做一个为工作而工作的人。

小张是一家汽车修理厂的修理工，从进厂的第一天起，他就显得不快乐。因为他觉得修理这活儿太脏了，而且不仅脏，而且没有高额的薪水。简直就像奴隶一样在卖苦力。有了这样的情绪后，他每时每刻不在窥视着师傅的眼神与行动，稍有空隙，他便伺机偷懒耍滑，应付手中的工作，并且总是期待下班的时间。

转眼几年过去了，一同进厂的几个工友，各自凭借精湛的手艺，或另谋高就，或被公司送进大学进修，独有他仍然做着讨厌的修理工作，仍然抱怨在无法升迁的痛苦之中，碌碌无为地应付每一天。

原来，不快乐的最大受害者，就是自己。

国外一家报纸曾举办一次有奖征答，题目是“在这个世界上谁最快乐?”从数以万计的答案中评选出的四个最佳答案是:作品刚完成，自己吹着口哨欣赏的艺术家;正在筑沙堡的儿童;忙碌了一天，为婴儿洗澡的妈妈;千辛万苦开刀之后，终于救了危急患者一命的医生。看来，工作着的人是最快乐的。确切地说应该是:正从事自己喜爱工作的人是最快乐的。而从另一个角度来说，不快乐的人，往往是生活中没有自己喜爱的事可做的人。

如果快乐能够测量的话，那么大部分的快乐都发生在很短的时间内，而这种现象在多数情况下都会出现。如果用二八法则来表述就是:一生中有80%的欢乐，发生在20%的时间里，另外80%的时间里，快乐却只有

20%。那么,我们为什么不去发现能够给我们带来80%快乐和成就的20%时间呢?事实上,在工作中寻找快乐,工作才是一件快乐的事情。

5 用微笑迎接压力的来临

说到工作中要微笑,很多人会嗤之以鼻:本来工作就够烦的了,还怎么笑得出来。是啊,工作的压力和烦琐,使得很多人忘记了微笑,整天以一种冷冰冰的面孔对待所有的事情。这样时间一久,工作中就会积满越来越多不快乐的因子,换工作成了家常便饭。

一个人的面部表情亲切、温和、充满喜气,远比他穿着一套高档、华丽的衣服更加引人注目,也更加容易受人欢迎。不论是工作中还是生活中,谁都不愿意整天对着一张面无表情、冷若冰霜的脸。相反,一张笑容可掬的脸,却能让人如沐春风,因此让别人很容易走进你、了解你、帮助你。这样,工作中的压力自然就能消去一半了。

玛莉刚上班一周,但是她却十分的苦恼,甚至有了换工作的想法。一方面她对公司里相谈甚欢的同事们十分羡慕,另一方面她对自己不能这样和同事相处而失落。因此,她的脸上从没有绽放过笑容,同事也没有主动找她说话的。

她把自己的心事说给了自己的好朋友听。她的朋友听后,和颜悦色地对她说:"要想改变这种情况十分简单。"

"简单?"玛莉不解地说。

"你想啊,你整天以一张没有笑容的脸孔对待你的同事和你的工作,人家看到你这样,还以为怎么得罪你了呢。"她的那位朋友接着说:"最关键的是,你不能老等着别人过来找你说话,你得主动和大家打招呼。"

玛莉觉得十分有道理。于是,等下一次她走到饮水机旁接水的空儿,便向碰到的每位同事打招呼,并给她们一个灿烂的微笑。

事实证明，这招十分的见效，同事们也都对她微笑起来。玛莉突然间觉得整个办公室都明亮了起来，而且工作也没有先前那么枯燥了。自然，先前换工作的想法早已烟消云散，这件事让玛莉受益匪浅。

“投之以桃，必报之以李”说的正是这个道理，你用微笑换回的不仅是他人良好的态度，还能换回你原本打算跳槽的想法。当一个人心情好的时候，就会看什么什么顺眼，做什么什么顺心。如果每天都能保持用微笑的面孔装点我们的生活，那么，我们每天都是快乐和充实的。

现在国际上有个最新说法，所有动物都没有笑的功能，只有人类有这个功能。所以人们要好好地利用这一功能。笑口常开，工作自然顺心。笑的作用非常大，我们每个人都有这本能，为什么不笑呢？

快乐是自己给自己的，只要你想快乐，没有人可以把它从你那里夺走，因此你要学会给自己快乐，每天用微笑诠释你的快乐！每天微笑多一点，快乐就会多一点。即使一件挺难的事儿，一个微笑，就可化解。微笑还可互相感染，让你身边的人也能从中变得快乐起来！

一位诗人去旅行，出发没多久，他就疲惫不堪。正在此时，路边传来了一阵悠扬轻快的歌声——那是一个面带微笑的男人的声音。

他的歌声实在太有感染力了，好像秋日的晴空一样明朗，又如夏日的泉水一样甘甜。任何人听到这样的歌声，都会被其感染，让快乐把自己紧紧地包裹起来。于是诗人驻足聆听。

歌声停了下来，一个男人走了出来，他的微笑甚至比他本人出来得更早。

诗人从来没有见过一个人的微笑竟是这般的灿烂，这微笑，只有一个从来没有经历过任何艰难困苦的人，才能笑得这样灿烂、纯洁。

诗人上前问候：“你好，先生，从你的笑容就可以看得出来，你是一个与生俱来的乐天派，你的生命一尘不染，你既没有尝过风霜的侵袭，更没有受过失败的打击，烦恼和忧愁也没有叩过你的家门……”

男人摇摇头：“不，你错了，事实上，就在今天早晨，我还丢了一匹马呢，那是我唯一的一匹马。”

“最心爱的马都丢了，你还能唱得出来？”

“我当然要唱了，我已经失去了一匹好马，如果再失去一份好心情，我岂不是要蒙受双重损失吗？”

看吧，无论发生了什么事，微笑都是不能缺少的。工作中也是如此，不论上司给你分配一项怎样的任务，都要微笑着接受；不论受到同事怎样的误解，同样还是用微笑化解。这样你收获的不仅是你想得到的东西，也能给他人一个好印象、好心情。

但是，工作又不同于其他事情，每天我们都在巨大的工作压力下又忙又累。如何让我们的微笑不打折扣，用微笑来化解所有的压力呢？有一种最简单有效的方法就是营造出一份好心情。

美国心理学家霍特举过这样一个例子：

每当弗雷德感到意气消沉的时候，他的应付办法通常都是避不见人，直到这种心情消散为止。但有一天，他要和上司举行重要会议，而他又非参加不可。没办法，弗雷德就想到这么一招：用微笑营造出十分开心的表情。

会议开始了，他在会议上谈笑风生，笑容可掬，看起来心情十分的愉快而又和蔼可亲。这完全看不出他哪里心情不好。

令他惊奇的是，从那以后，他发现自己果真不再抑郁不振了。

霍特后来总结说，弗雷德并不知道，他无意中采用了心理学研究方面的一项重要新理论：营造出某种心情，往往能帮助他们真的获得这种感受——也就是说，当你觉得自己十分开心时，脸上自然就会露出微笑，而这样做的最终结果就是，你的脸上会不知不觉地常常带有微笑。

据心理学家艾克曼的实验表明，一个人如果老是想象自己进入某种情境，感受某种情绪，那么这种情绪十之八九真会到来。而一个故意装作愤怒的实验者，由于“角色”的影响，他的心率和体温会上升。心理研究的这个发现可以帮助我们有效地摆脱坏心情，其办法就是“心临美境”。

工作中也是如此，想天天面带微笑上班并不容易，但你可以去换一个角度，树立积极的工作态度，想象着每天都是全新的一天，那么每天你都将有新的收获。当因工作失误而被老板批评时，你要明白自己错在什么地方，然后用灿然的一笑回应他：下不为例；当工作任务量大时，要学会用积极的心态去面对，用微笑迎接到来的一切。如此，你就会感觉到，微笑其实并没有想象中的那么困难。每天微笑着面对工作中的一切，别人就会知道你很快乐，就会愿意亲近你，与你相处，那么你的人际关系就会更融洽，工作也会更加顺心……

6　热情是一切工作的灵魂

热情是一种难能可贵的品质，正如爱默生所说：“热情像浆糊一样，可以让你在艰难困苦的场合里紧紧的粘在那儿，坚持到底。”

但不幸的是，在现实生活中，我们对自己所从事的工作和事业充满热情的人却很少。他们要么换工作，要么得过且过。这些人每天在茫然中上班、下班，到了固定的日子领回自己的薪水，高兴一番或者抱怨一番之后，仍然没有热情地去上班、下班……可以说，这样的人，只是在被动地应付工作，机械地完成任务，仅仅为了谋生或薪水而工作，而不是去创造性地、充满热情地工作。因此，他们不可能在工作中投入自己全部的热情和智慧。

相反，一个对工作充满热情的人，会视工作为生命，用积极的心态享受工作，用坚强的意志挑战工作，即使有重重阻力，也会百折不挠、愈挫愈坚。而热情恰是一种巨大的力量,可以说,要想成就一番事业,就离不开热情这个原动力。

有一位个子矮小的年轻人,由于家境贫困,瘦弱的肩膀不得不挑起养家糊口的重任。他本人对电器十分感兴趣,于是有一天,他来到了一家电器工厂,找到一位负责人,要求安排一项工作,哪怕是再苦再累也行。

那位负责人看到他不仅身材矮小,还衣着不整,于是就婉转地对他说:"我们厂暂不缺人手,您一个月以后再来看看吧!"

过了一个月,矮个子年轻人果然又来了。

负责人依然不想录用他,继续对他说:"我现在有事,等几天再讲。"

一个星期后,年轻人又一次走进了工厂的大门。

这位负责人看到他如此几次这般执着,再也找不到托词,只好实话实说:"先生,您的衣着太寒酸了,无法进我们厂工作。"

年轻人二话没说,回去向别人借钱,狠心买下了一套整齐的服装。他精心打扮,回到厂里。

对方在无可奈何之际,只好以他在电器方面的知识懂得太少为理由,再一次拒绝录用。

两个月过去了,年轻人回到厂里,他很诚恳地对这位负责人说:"先生,我已经学了不少有关电器方面的知识。您看我哪方面还不够,我会一项一项地去补。"

对方两眼盯着这位坚持不懈的年轻人,看了老半天,然后十分动情地说:"我搞人事管理工作多年,可还是第一次碰上您这样来找工作的,我十分欣赏你对工作充满的热情和渴望,从今天起,你可以在这上班了。"

就这样,年轻人以顽强的毅力和罕见的热情打动了这位负责人,终于留在了厂子工作。后来,他又以超人的努力,逐渐成为一个非凡的人物。他就是日本著名的松下电器产业公司总裁——松下幸之助。

有这样一句话："请用你的所有，用满腔的热情，换取你想要的奶酪。"可以说，正因为松下拥有的这种热情心态，才使命运变得如此瑰丽多彩。是啊，当我们觉得工作无望，没有热情时，是不是可以想一下松下幸之助的这件事，以此激励自己呢。

工作就是充满热情，就是付出努力。正是为了成就什么或获得什么，我们才专注于什么，并在那个方面付出精力。从这个本质上来说，工作不是我们为了谋生才去做的事，而是我们用生命去做的事，而要做好工作，就一定要培养热情工作的习惯。工作中，不妨让我们以热情的心态，驱逐消除春日的困倦、夏日的浮躁、带走秋日的萧条、抵御冬日的严寒，到那时，我们自然会成为公司中最受欢迎的那个人。

热情，可以使我们释放出潜在的巨大能量，补充身体的潜力，发展成坚强的个性；热情，可以让枯燥无味的工作变得生动有趣，使自己充满活力，培养自己对工作的狂热追求；热情，还能感染我们身边的同事，让我们获得支持和理解，拥有良好的人际关系；热情，更可以让我们获得老板的提拔和重用，赢得自己不断成长和发展的机会。卡通大王沃特·迪斯尼正是凭借着那股疯狂的工作热情创作出深受人们喜爱的"米老鼠"这一可爱形象的。

沃特·迪斯尼是《米老鼠》和《三只小猪》的创始人，在最初的绘图中，沃特·迪斯尼的薪水十分低，但是他对自己的这份工作充满了狂热的热情。由于一直没有借到办公室，他只能在汽车厂的工作室工作，工作条件的简陋可想而知。或许，正是这充满汽油和润滑油味的环境，才激发了他绘出价值不菲的构思。事情是这样的：

一天，沃特·迪斯尼像往常一样充满热情地工作，他绘了一张又一张图片，一直没有合适的。正在此时，有只白鼠在沃特·迪斯尼的不远处窜来窜去，于是，沃特·迪斯尼就拿起面包喂起它来。

后来，小白鼠经常过来，而沃特·迪斯尼也时常给它面包吃，就这样，他们熟识了，有时白鼠甚至还会爬到沃特·迪斯尼的画板上去。也许，正是这不凡的经历和沃特·迪斯尼独特的工作热情，最终诞生了“米老鼠”这一形象。随后，《米老鼠》被拍成电影，不仅赢得了全世界人们的喜爱，而且直接盈利数百万美元。

这，也许就是热情的力量和价值所在吧。与其说成功取决于人的才能，不如说取决于人的热忱。无论出现什么困难，无论前途看起来是多么的暗淡，心怀热情的人总是相信能够把心目中的理想图景变成现实。

爱默生说过：“有史以来，没有任何一件伟大的事业不是因为热情而成功的。”对自己的工作热情的人，不论工作有多少困难，或需要多少努力，始终会用不急不躁的态度去进行，而且一定能够出色地完成任务。当面对同样一份工作时，同时交给有热情和没有热情的两个人去做，其结果是截然不同的。每个老板都希望自己的员工充满热情地工作。对于发个指令，揿动按钮，才会动一动的“电脑”员工，没有人会欣赏，更没有老板愿意接受，这类只知机械工作的“应声虫”，老板会毫不犹豫地将其放在升职的考虑之外。

当你明白了这个道理，就要重新审视我们的工作，而不是将工作当成一种负担。这样，即使是最平凡的工作也会变得意义非凡。要知道，你不关心工作，老板也不会关心你；你自己垂头丧气，老板自然对你丧失信心。你自认为是企业里可有可无的人，你也就取消了自己继续从事这份职业的资格。所以，从现在起，让我们对工作充满热情、充满活力吧，努力把工作干得有声有色，创造出更多、更辉煌的业绩，自然会成为企业中最受欢迎的那个人！

7 缺什么也不能缺激情

工作需要激情，这里的“激情”不同于“热情”，激情是一个人对理想、事业、人生强烈的、极具暴发力的一种感情，表现为生命的活力、执着的精神、无畏的品质、冲天的干劲、高度的责任感。激情是点燃理想的火种，是成就事业的辅翼。

很多刚刚毕业的人，工作时总是意气风发，对工作充满激情。为了做好自己的工作，总会努力学习新的专业知识，提高自己的业务水平。然而，随着业务的深入，在对行业有了一定了解，业务也能娴熟处理时，却失去了往日的工作激情。比尔·盖茨有句名言：“每天早晨醒来，一想到所从事的工作和所开发的技术将会给人类生活带来的巨大影响和变化，我就会无比兴奋和激动。”由此看来，这种激情满满的工作状态确实值得人去学习和效仿。

一个充满激情的人，无论在公司从事何种工作，都能十分有兴趣地做下去，并把工作做得有声有色；不管工作有多么困难，需要接受多么严峻的考验，都会始终如一地不放弃。而一个缺乏激情的人，做事情会十分教条，给人的感觉也是暮气沉沉，对工作冷漠处之。长此以往，这种人会逐渐变成工作场所里可有可无的一个人，也就等于放弃了自己继续从事工作的资格。可见，激情于工作，是多么的重要。激情能够推动事情的顺利进行，而其中的关键因素就是要有工作的激情，并能够做到善始善终。可以说，激情是任何渴望在工作中能够有一番成就之人的所具备的条件之一。

著名棒球运动员杰克·沃特曼小时候的梦想就是成为一名优秀的职业棒球运动员。若干年后，他的梦想终于实现了：成了一名正式的职业棒球运动员。

但是不久，烦恼也伴随而来，他在打球时总是缺少激情而显得无精打采，最后甚至走到被开除的那一步。而在他离开球队的时候，球队的经理这样对他说："你这样慢吞吞的，哪里像是在球场上混了20多年，杰克，离开这里后，无论你到哪里做事，若提不起精神来，你将永远不会有出路。"

被开除后，杰克的内心必然是十分沉重的，这对他来说，无疑是一个不小的打击。

在离开球队一段时间后，他就去了另一个球队，这里的月薪仅为25美元，比起之前的175美元来，竟然仅为1/7！薪水少，自然影响到工作激情，但是他决定给自己赌一把：即使在这样的情况下，自己也能变成最有激情的员工。

有了这样的想法，每次一上场，杰克都竭尽全力，好像全身带电一样，强力地击出高球。有次，他接球的双手都麻木了，但他还是以强烈的气势冲入三垒，那位三垒手吓呆了，球漏接了，他就盗垒成功了。当时气温高达华氏100度，他在球场上奔来跑去，极有中暑而倒下去的可能……

激情让杰克有了很大的改变，不仅他心中的恐惧感消失了，而且技术上也得到了超常的发挥。同时，他的激情也带动了全队的积极性。后来有报纸评论说："那位新加入的球员，无疑是一个霹雳球手，全队的其他人受到他的影响，都充满了活力，他们不但赢了，而且是本赛季最精彩的一场比赛。"

另外，激情还为杰克赢得了颇高的物质回报，他的工资由每月的25美元一下子涨到了190美元！在后来的两年里，他一直担任三垒手，薪水加到当初的30倍之多。这是为什么呢？不得不说，激情是让他再次获取成功的重要因素。

可见，不管环境如何的恶劣，任务多么的繁重，只要心中怀着激情，就有扭转这一情况的可能。工作中，不论遇到何种困难，只要用激情做导航，就可以突破这一困境，成就自己的辉煌之路。而且，激情的工作态度不但使人奋进，还会感染你周围的每一个人，从而更好地营造一个积极向上、让人身心愉悦的工作环境。

杰克·韦尔奇说过，激情是员工展示价值的一种品质。

提起一汽的王洪军，几乎为所有的长春人知晓。这是由于，王洪军在一个默默无闻的岗位上，仅凭借着自己对工作的激情，做出了每年为国家节省几百万元的巨大贡献！这种精神，不能不为人们所称赞。

在开始的日子里，为了掌握车身修复技术，他上班练，下班也练；日积月累，终于掌握了高难度展车制作方法；经过认真钻研，他还制做出了多功能组合工具，被称为“生产线上的千手观音”。他已把激情融入生命之中，用烈火般燃烧的热情去学习、工作，使自己的生命价值得到升华，在平凡岗位上创造了辉煌。

可以说，王洪军的锐意进取、勇于创新，不能不说是激情的作用。激情的力量是无限大的，当它被释放出来以后，可以使我们的目标被梳理得更明确，因为在实现目标的过程中，自然会形成一股不可抗拒的力量，从而克服一切困难。

因此，作为职场中人，不要再把工作当成苦差事，而要投入100%的激情来对待1%的事情；不管从事何种职业，都不要看不起自己的工作。因为工作给你的，远比你为它付出的要多。当你以这种思维面对工作的时候，工作就不再是平庸和无聊，而是充满无限的创造与活力了，而且，带着这种思维去工作能激发你的执行力、意志力和创造力，更好地激活你的智慧、潜能和进取意识。

激情是工作的灵魂。没有灵魂的工作就如行尸走肉般没有生机，所以，缺什么也不能缺激情，从现在开始，拿出100%的激情来对待你的工作吧。这样你就会发现，原来每天平凡的生活竟是如此的充实与美好。

8 用幽默为工作心情排毒

不要以为工作是件严肃的事情，只能十分“正经”地对待。事实上，幽默感是工作中最好的“情绪防弹衣”，也是永不生锈的“情绪发动机”。如果你对工作总是牢骚满腹，意欲跳槽，不妨适时幽上一默，让自己换个心情，给自己的心情排排毒，这样不仅工作中的各种难题迎刃而解，就连跳槽的念头也打消了。而且，每个人都喜欢跟有幽默感的人一起工作，因为他们身上那种风趣，能化解工作中的沉闷无聊。另外，从 EQ 的角度而言，幽默还是个深厚的情绪艺术，可以完成多项职场的情绪任务。

刘云在一家大型公司负责公关。一次，公司的一位大客户告诉她，他们下年度起不和刘云所在的公司续约，因为他们已决定和另一家公司合作。面对这位大客户的“移情别恋”，刘云一时犯了难：自己一方面要考虑如何把这个坏消息禀告上司，另一方面就是如何保证自己不被上司责骂，以此保住自己的饭碗。那么该如何做呢？是硬着头皮实话实说？还是主动辞职走人呢？正当她为这种两难的情绪犯愁的时候，突然一个点子闪现出来。刘云走进主管的办公室，在办公桌前坐下说道：“我今天早上开车载客户去看场地，结果一不小心出了车祸，我没大碍，但客户的大腿被夹伤血流不止，医生说有需要切除的可能。他很生气，大声嚷嚷说要告我们公司，并中止跟我们的合作，还要打电话去电视台发布新闻。喔，对了，我忘了说我开的那部公司车右边几乎全毁，恐怕要花好几万修车。”

说完，刘云停顿了下，她注意到，主管的眉头愈皱愈紧，甚至有动怒的可能。此时刘云接着说：“其实我早上并没开车，客户也没受伤，不过他们的确决定不跟我们续约了。”

只见主管如释重负，一阵“噗嗤”之后，两人就能对失去这个客户一事轻松以对了。而刘云，并没有因此而挨上司的骂，自己也没有因此而失去这份工作。

这就是幽默感的精彩演出，它让我们对事情产生新的洞察及观点，从而能重新看待自己遇到的挫折。如果刘云一开始就实话实说，想必会遭到上司的臭骂甚至“被跳槽”，而聪明的她，却运用自己所特有的幽默气质，为自己渡过了这样一个难关。可见，幽默不仅是提升工作上情绪生产力的重要武器，还是EQ高手们非有不可的情绪装备。

幽默感需要的是一种嬉戏的心理架构，能让我们在任何挫折中发现勇气及希望。而这其中的秘诀，就在于适时跳开自己的角色，用第三者旁观的眼光来看待自己的处境。而且，幽默能帮我们应付压力，度过低潮。

由于各种原因，小刘与老板闹翻了，一气之下小刘成了待业者。而这并没有阻挡住他天生的幽默感，他轻松自侃：“我一直嚷嚷着想要放长假而不知如何向老板开口，现在终于知道了，原来对老板大吼大叫就会如愿以偿！”

同事们看到他在这种情况下还能有如此幽默，对他也就不是那么的担心和同情了。

兰卡斯特大学的组织心理学教授卡里·库珀说过：“懂得在恰当的时候逗一逗乐子，能让人们知道你很坦诚、可爱，不是什么像机器人一样的技术专家。”由此看来，只要我们每个人每天用心撰写幽默脚本，就能真正乐在工作。

周波毕业后顺利进入一家外企工作，薪金待遇都非常不错，令同学们都十分羡慕。但周波唯一感到不舒心的就是，公司的气氛太不活跃，每天在这里上班简直就是在受罪。周波打算再观察、适应一段时间，毕竟再找一份待遇不错的工作不是那么容易的。不过如果还是这样下去，自己还是走人吧。

一次，他的老外女上司不小心把可乐打翻在办公室的地毯上，上司顿时异常恼火，不知如何办是好。正在此时，周波刚好经过，于是上司让他立即清理干净。然后，女老外还自言自语地唠叨道"蟑螂部队保准会因此而大规模地袭击我的办公室!"

周波想了想,然后微笑着说:"绝对不会发生这种事,因为中国蟑螂只爱吃中餐。"老板的脸色顿时放晴,露出灿烂的微笑。

还有一次,同事小王把自己的儿子带来办公室玩儿,这孩子正是调皮爱动的年龄,没一会儿工夫,就把电脑的鼠标摔坏了。小王大怒,抬手照着孩子的头就是一巴掌,那声音比打响鞭还脆。

"你干吗打孩子,你的手怎么这么欠?"这一嗓子,同事们全蒙了。原来是办公室有名的张姐,张姐平时十分热心肠,但就是看到看不惯的事情爱说。此时,办公室的气氛立马紧张了起来。

只见小王有些恼羞成怒,也是,自己打自己的孩子,犯不着别人来教训他。再说张姐吧,看样子也觉话说得有些冒失了,但又不好意思把话收回去。

说时急那时快,周波赶紧过来,指着孩子不依不饶说:"你知道你这一巴掌起什么作用吗?你这孩子原本可以当大学教授,就这一巴掌,把个好端端的大学教授给打没了。"

同事们立马哄堂大笑起来。

小王也乐了:"大学教授,他有那个脑袋,太阳就得打西边出来了!小周你可真会说话。"

一场纠纷,就这样给化解了。

后来,周波发现自己有用幽默调节气氛的能力,因此对工作也愈加充满干劲儿。同事们也因此更加喜欢他,愿意和他聊天,久而久之,工作上的压力似乎都减轻了许多。从此,周波再也没有换工作的打算了。

的确,办公室的幽默就像职场中的润滑剂,不但能活跃气氛,带来乐趣,而且还能巧妙地化解矛盾,传递信息。幽默感也许无法真正解决问题,但有了幽默感,就能让人立刻接受现状,并在欢笑中解脱苦痛,发现出路。

需要提醒的是，“幽默应该是与人分享的——你应该找到一个共同点，而且永远不应该只针对一个人。”也就是说，你只能开自己一个人的玩笑，而且如果你开太多玩笑，别人可能会认为你没有内涵。同时，幽默的场合以及禁忌都应有所掌握，以免幽默失败或者引起他人的误解。

适度的幽默就像一根闪着金光的魔杖，能让苍白的办公室生出五颜六色的花朵来；幽默的笑声对我们的身心健康也有极大帮助，能舒缓大家的神经系统，提高免疫力，降低压力激素，并让皮肤看来弹性光亮。由此看来，这一健康的“排毒”方式的确应该成为我们固守工作岗位的万能钥匙。

9　带着感恩心去工作

感恩是一种心态、一种美德、一种智慧、一种攻略、更是一条获得能量与成功的途径。如果能把感恩运用在工作中，势必会受到领导的青睐，同事的欢迎。因为只有懂得感恩的人才会视公司的财富如自己的珍宝，从而小心呵护，不容别人糟蹋，时时想着维护公司的利益。试想，如果你能把公司的东西当成是自己的一样去看待，老板将会怎样看待你呢？同样，一个懂得感恩的人，会珍惜周围的一切，和善地对待别人。而且，在工作中也会坚持不懈地努力工作，成为一个最佳的雇员或合作伙伴。

所以，不要一味地认为你的工作是如何地无趣和枯燥，也别总“这山望着那山高”，与其这样，不如怀着一颗感恩的心，主动乐观、积极进取、爱岗敬业。

杰克曾是一名程序员，在一家软件公司干了6年，正当他工作得得心应手时，公司却倒闭了。

此时，他的第三个儿子刚刚降生，身为丈夫和父亲的杰克，不得不为生计重新找工作。但一个月过去了，他屡屡碰壁。

几经周折，杰克得知有家软件公司在招聘程序员，而且待遇相当不错，于是他信心十足地去应聘了。

凭着自己扎实过硬的专业知识，他轻松过了笔试关。因此对两天后的面试，杰克也充满了信心。然而，面试时考官的问题却是关于软件未来发展方向的，这点他从来没有考虑过，因此遭到了淘汰。

但是杰克觉得这家公司对软件产业的理解十分独特，让他深受启发，于是打算给这家公司写封感谢信。信的内容是这样的："十分感谢贵公司花费人力、物力为我提供笔试、面试机会，虽然我最终落聘了，但通过这次应聘使我大长见识，获益匪浅。感谢你们为之付出的劳动……"

这封信后来被转到总裁手中。三个月后，刚好这家公司出现职位空缺，杰克收到了录用通知书。而这是杰克不曾想到的。

十几年后，凭着出色的业绩，当年写感谢信的杰克成了这家大型公司的副总裁。可以说，正是杰克的感恩之心成就他的人生之路。

可以说，感恩不仅仅是一种美德，更是一种人生的大智慧。杰克的智慧就在于懂得用感恩心对待遇到的事情。一位成功人士在个人传记中曾这样总结他的为人处世哲学：会做事不如会做人，会做人不如会感恩，会感恩的人才是最可敬的人。一个对公司、对事业抱有感恩之心的人，不会找借口来搪塞自己的工作，也不会做任何表面的工作来蒙骗老板。因为他们始终认为勤奋工作是一种幸福，努力工作是对职务的最好回报，也是对自己、对老板的最好交代。

感恩是一种难得的好心态，它与忠诚紧密相连。二者的关系是先有感恩，而后才谈得上忠诚，忠诚与感恩如影随形，离开感恩谈忠诚，就像是在求无本之木、无源之水，注定是行不通的。如果带着忠诚的感恩心对待你的工作，你将收获不一样的惊喜。

小郭是一家电子产品制造公司的技术骨干，由于该公司准备转变发展方向，小刘决定换一份工作，于是他去一家大公司应聘。

小郭凭着自身的能力,过五关斩六将,终于坐在了公司副总的对面,接受最后一轮面试。面试时,那位副总表示,公司对小郭的能力没有任何质疑,但有一个问题,他曾听说小郭在以前单位时曾参加过一项新技术的研发工作,恰恰此时他们公司也正在研究这项新技术,所以如果小郭能够为他们提供原单位研究的进展情况和将取得的成果告诉他们,那么小郭立马就能上班。

只见小郭斩钉截铁地回答:"这个问题我无能为力,我不能答应你的要求,虽然我已经离开了,但我仍然非常感恩我原来的公司,我在那里学到了不少知识,所以在任何时候我都不会出卖公司的机密!"

后来,小郭身边的人都为他感到非常惋惜,但没过几天,就在小郭准备寻找下一家公司的时候,那位副总经理给小刘寄来了一封信,信中写道:

"年轻人,你被录取了,不仅是因为你的能力,更是因为你懂得感恩的职业美德。我们公司正需要像你一样,懂得感恩的人,只有懂得感恩,公司才会放心地把重要任务交给你去做,因为感恩的人不会出卖自己的公司,这也是你人格魅力的重要表现!"

在现实生活中,背叛公司的人大有人在,但是在诱惑下,能够像小郭一样依然用一颗感恩心守护原公司秘密的员工就显得格外让人尊重。一个员工要想将忠诚坚持到底,需要鉴别力,也需要抵抗诱惑的能力,需要那份对公司的感恩,并要经得住各种考验。

有位大集团的总裁曾说,如果一个人懂得感恩,那他会是一个优秀的员工;如果一个人既有能力又有感恩的心,那么这个人你放手让他做什么都可以。同时还有一位职场人士这样说:"是一种感恩的心态改变了我的人生。当我清楚地意识到我没有任何权利要求别人时,我对周围的点滴关怀都怀抱强烈的感恩之情。我竭力要回报他们,我竭力让他们快乐。结果,我不仅工作的更加愉快,所获得的帮助更多,我还很快地获得了公司的加薪、升职机会。”由此可见，感恩于我们，是一件多么值得学习的事情。

因此，与其做职场中的“跳蚤”，不如带着一颗感恩的心，融入你的工作中。不妨向你的领导、同事，甚至客户真诚地表达出自己的感谢来。这样，我们的心情必定明朗的、愉快的、积极的，同时我们的人生积淀也会越来越深厚、越来越丰富。

10 宽容当道，驱走心中的“杂草”

英国有句谚语说，世上没有不长杂草的花园。金无足赤，人无完人，每个人都有自身的缺点和劣势。对于这些人，我们应宽容、体谅。相反，一个没有宽容之心的人，会处处计较自己的得失，当别人比自己的工作任务轻、薪水高时，就会产生不满，心中的“杂草”也会在瞬间疯长。殊不知，这样下去的最终结果，就是让自己心中没有平静感，动辄以辞职走人告终。其实，宽容于工作，就像润滑剂，可以让我们的工作环境更加和谐，而且别人也会以同样的美德反射给你。不然，则会给自己增加不少阻力。

有这样一个故事：在一个寒冷的冬天，有一个人穿了棉衣匆忙赶路。这时，太阳和狂风打赌，看谁能够先把穿在这个人身上的棉衣脱下来。

为了先让赶路人把棉衣脱下来，风狂暴的吹了起来，但越是这样，这个人把棉衣裹得越紧，没有丝毫要掉的样子；接着，太阳出来了，暖洋洋地照在这个人的身上，不久，那人便自动地脱下了棉衣。

这个故事告诉了我们一个极其浅显的道理：为人处世，如果采用专制、强暴的手段，对问题的解决往往无济于事；相反，宽容则如温和的的阳光，有时似乎更有力量。

斯宾诺莎说：“心不是靠武力征服，而是靠爱和宽容大度征服。”欧文说：“宽容精神是一切事物中最伟大的。”确实，每一位职场人士，需要培养自己宽容的心胸，彼此容纳、谅解，不固执己见。这样才能将工作中的“杂草”铲除干净。

不可否认，工作中避免不了的会出现摩擦、矛盾，这种情况在任何单位、任何人身上都会发生。当出现这种情况时，如果用宽容，就能化解一切的问题。当然，宽容并不是不讲原则，一团和气，而是要学会换位思考，善于站在对方的角度看问题。说话、做事不要只从自身出发，更要有大局意识、全局观念。只有如此，才能让自己与大家心往一处想、劲往一处使，愉快而充实地工作。

在同一个畜圈里，关着一只小猪、一只绵羊和一头奶牛。一次，牧人去捉小猪，小猪大声嚎叫，并且强烈地反抗。

一旁的绵羊和奶牛讨厌它的叫声，便说：“那牧人常常捉我们，但我们却不大呼小叫。”

小猪听了回答道：“捉你们和捉我完全是两回事，他捉你们，只是要你们的毛和乳汁，但是捉住我，却是要我的命呀！”

这则寓言说明了：立场不同、所处环境不同的人，很难了解对方的感受。在工作中，由于每个人的成长环境、经历、所受的教育不同，性格、脾气亦不一样，对各种问题的看法、处事态度自然有较大差别。此时我们就应注重培养自身的宽容之心，包容别人的优点和缺点。对别人取得的成绩，要给予肯定；对别人的失意、挫折，不要幸灾乐祸，而要有关怀之情。

一个成功的企业家曾经说过，他在决定高级主管的人选时，除了考察他的能力和品德外，还有最重要的一条就是“具备亲和力，能与人和睦相处”。有人说，一盎司的宽容胜过十吨有逻辑的据理力争。把宽容插在水瓶中，便绽出新绿；把宽容播种在泥土中，便长出春芽。

有一天，张嘉突然发现存在自己电脑上的设计方案被同一部门的一个同事窃取了。她的第一反应是愤怒，因为那个设计花了自己几天几夜的时间，而且如果这个设计方案被公司采用，自己就可能就会获得领导的欣赏，薪水也会水涨船高。因此她越想越觉得窝火，很想找自己的同事理论一番。大不了争个鱼死网破，走人了之。

但是，张嘉冷静下来后，觉得自己不能太冲动，也许同事那样做有她的原因和想法，而且她平时看起来也不是那种人。况且，自己的这个设计也并不一定能博得领导的欣赏。就这样，在为同事做了一番设身处地的考虑后，张嘉决定原谅那位同事，这样心中的怒火随即也就消失了。她就像什么都没有发生似的，继续埋头做自己的工作。

后来张嘉得知，那位同事确实是有自己的难处，那位同事在与别的同事的一次聊天中说："如果张嘉需要我的帮助时，我会全力而为。"从那以后，那位同事认认真真做事，努力配合张嘉的工作，两人之间充满了默契，在年终的员工大会上，双双受到了公司的嘉奖。

在工作中，有很多类似的经历，一旦出现什么"过节"，有些人就会选择报复、拆台、争斗、争吵的解决方式。这样做，除了心理上的一时满足外，还能得到什么？因此不妨换个角度，宽容他人，把误解和过失说开，相互理解，将矛盾化解，让自己的职业之路越走越顺畅。

美国心理专家威廉，通过多年的研究证明，凡是对金钱利益和小事太能算计的人，实际上都是很不幸的人，甚至是多病和短命的，他们90%以上都患有心理疾病。这些人感觉痛苦的时间和深度也比不善于算计的人多了许多倍。所以，不妨大度一些，宽容一些，与人方便的同时，也让自己过得开心顺意。这样，自然就能在工作中左右逢源。

第三章　停止抱怨，做实干型员工

比尔·盖茨有句话说:“当你陷入困境时，不要抱怨，默默地吸取教训，积累经验，这些是你成功的必经之路。”在日常工作中，面对复杂琐碎的工作，不要动不动就想着跳槽离开，而是主动用思考代替抱怨，用行动代替牢骚，坦然地应对各种问题。怀着这样的心态工作，才能始终保持着朝气蓬勃、昂扬锐气的“战斗力”，也才能将原本看起来不可能实现的工作轻轻松松地处理妥当。

1 抱怨会产生恶性循环

有句话说“谎言重复一千遍,便可成为真理”。同样的道理,抱怨的过程其实就是心理暗示的过程,事实上从第一次抱怨开始,你就已经步入了报怨的行列,在不断累积报怨次数和抱怨时间的同时,你的抱怨指数也在提升。长此以往,就会使你陷入抱怨的恶性循环之中。而且,抱怨就像滚雪球一样,随着抱怨的不断循环,报怨范围就会越来越广,渐渐地就会习惯于抱怨,不自觉地把抱怨列为你的交流方式和遇到失败与挫折的处事方式,结果你的人生就会变成抱怨的人生。这是多么令人恐怖的一种后果!

当然,抱怨是用来表达忧伤、不平、愤恨和不满的,但是工作中真正值得报怨的事情毕竟很少。一般来说,报怨多数都是无病呻吟,自寻烦恼,只会徒增消极和悲观情绪,有时更会产生无休止的恶性循环。

丽丽最近对公司的一些制度颇有微词,于是整天抱怨公司如何如何不好。事情是这样的:

最近丽丽所在的部门比较忙,于是规定每天下班后再义务加班一小时。尽管丽丽心里有些不满,但还是按时加班。尽管如此,丽丽见到别部门的同事,总是向别人抱怨说自己如何如何倒霉,摊上这么个部门,每天累死累活加班,还没有加班费……而且,自从加班后,丽丽几乎每天早上都会迟到那么几分钟。她认为,这是由于前一天晚上加班导致的。

又过了一个星期,部门又开始制定出硬性规定,要求每天下班后要加班到九点半,否则,就会扣除当月的奖金。而且第二天如果迟到还会按以前的规定执行,即扣除一定的奖金。这更是激火了丽丽。她想,自己每天上班就够累的了,还要加班那么久,回去的班车没有不说,而且还影响第二天的上班。于是,丽丽的抱怨声更多了，上班迟到的时间更久了。

终于在月末的时候，部门统计出丽丽不仅工作效率下降，而且迟到次数也是最多的。于是要按规定扣除当月的奖金500元！丽丽很生气，但也没办法。

回到家，丽丽的这股气没出撒，就对着自己的老公一个劲儿地唠叨。开始几天她的老公还能安慰她几句，后来，每当丽丽抱怨的时候，他就会借故走开。丽丽觉得自己更加委屈，于是就和自己的老公吵起架来。而且这一吵还一发而不可收，成了家常便饭。带着情绪上班的丽丽，也时常和同事闹别扭，于是同事关系越来越僵硬……丽丽真的痛苦极了。

事例中的丽丽之所以陷入痛苦之中，是和她一味地抱怨分不开的。即使公司的制度有失公允，但也是权宜之计，等过了这段繁忙期，自然就不会再执行这一制度了。如果丽丽能够看清这一问题，完全没必要陷入这一恶性循环当中。

记得鲁迅有篇文章中描述了这样一个场景：冬日农闲的村头墙角下，坐着一群边晒太阳边闲聊的农妇。这些人端着饭碗，一拉呱就是一个下午，甚至不到天黑不知道回家做饭。其实，这些农妇的拉呱内容无非就是一些张家长李家短的事儿。事实上，我们中有很多人都是这样，用高标准要求别人，用低标准要求自己。这样做只会让自己产生更多的抱怨。其实，工作难免会引起不满的情绪，很多人为了吸引别人的注意，引发别人的同情而发牢骚。这是一种正常的心理自卫行为，可以宣泄自己的内心，偶尔为之，未尝不可。但若无休止地抱怨，会让自己的工作、生活变得更糟糕。也会让别人觉得自己十分无能。所以，对于工作中的得失，没有必要去斤斤计较，以一颗平常心对待，有意识地培养自己的心理承受能力，乐观地对待每个人、每件事，让自己做个踏踏实实埋头苦干的员工。

2 抱怨不能解决任何问题

“我的工作无聊透顶!”“每天面对重复的工作,我简直要疯了!”“我们的老板就喜欢拍马屁的人”“为什么分给我的任务比别人的多,这太不公平了!”……职场上,我们常常听到这些不公平的抱怨,感觉“抱怨就像空气一样无处不在”。那么,你是爱抱怨的员工吗?如果是,不妨从现在开始,停止抱怨!因为抱怨不仅不能解决问题,还无一点益处。泛滥的抱怨好似一种慢性腐蚀剂,腐蚀自己的同时也消磨了别人的斗志。它更像一个可以溃堤的蚂蚁,让个人乃至团队的工作瞬间进入轰然倒塌的状态。

曾有一份关于职场人士抱怨状况的调查报告,近九成职场人士每天都会发出抱怨。其中65.7%的人每天抱怨1~5次,13.8%的人每天抱怨6~10次,4.8%的人每天抱怨20次以上,只有11.2%的人表示自己“从来不抱怨”。抱怨的内容与工作相关的比例最大,其次是感情问题,接着是家庭问题。至于抱怨的目的,有超过70%的职场人士表示,主要是为了发泄内心的苦闷,而希望通过抱怨解决问题的比例不到30%。

可见,抱怨严重影响着职场人士,它像一颗“毒瘤”一样,威胁着我们的生活和工作,吞噬着每个人内心的公平感,让问题得不到解决。

有一个贫穷的三口之家,他们常常抱怨上帝待他们不公。一次,儿子饿得哇哇大哭,父母十分无奈,只好沿街乞讨。但结果并不如愿,不仅没乞讨到食物,孩子饿得连哭的力气都没了。此时,他们又开始抱怨起上帝的不公平来。于是上帝就派使者来帮助他们。

使者对他们说:“我可以帮助你们每人实现一个愿望。”尽管一家人将信将疑,但孩子的妈妈还是迫不及待地对使者说:“我要你为我们变出一车的面包,我要让我的儿子远离饥饿。”刚说完,眼前就真的出现了一车子的面包。孩子的爸爸先是非常惊奇，转而又特别生气。抱怨说：“你这个愚蠢的妇人，这么好的机会你竟然只换来一车无用的面包！”转而对使者说：“我不要这些廉价的面包，请你将这个笨女人变成一头蠢猪。”刚说完，面包神奇地消失了，孩子的妈妈也真的变成了一头猪。此时，可吓坏了孩子，孩子十分抱怨爸爸的做法，哭着对使者说：“我不要猪，我要妈妈。”孩子的话音刚落，妈妈就真的变了回来。

使者很无奈地说：“我已经给了你们希望，但由于你们一直心怀不公，心存抱怨，结果白白地把机会给浪费掉了，”说完使者不见了。一家三口还是回到了使者出现前的状态，没有面包，孩子依然饿得不行。

如果一家三口能够接受使者给他们的恩赐，不相互抱怨，他们自然能够渡过难关。怪就怪在他们一味地抱怨，而最终的结果是，问题并没有得到解决。

如今，职场压力越来越大，竞争也越来越激烈，很多人习惯了一边埋头工作，一边对工作表示不满；一边完成任务，一边愁眉苦脸。有的人抱怨公司苛刻的规章制度，抱怨领导的魔鬼管理，抱怨永远干不完的工作，抱怨每天受不完的委屈……抱怨成了最方便的出气方式。有这样一个寓言故事：

一个年轻的农夫，划着自己的小船，往对面的村子运送刚刚收获的农产品。刚好那天天气十分炎热，酷暑难耐，让他苦不堪言。于是，他更加渴望早点划到对面，以便早日回家。

正在此时，农夫突然发现对面有只小船，顺河而下，朝着自己的船快速地驶过来。

眼看两只船就要相撞了，但对面的那只船依然没有避让的意思。农夫急了，于是大骂：“快点让开，你个笨蛋，有你这样划船的吗？”，但那只小船似乎没有听见似的，仍然驶过来，重重地撞在了农夫的小船上。

农夫被激怒了，失声骂道：“你个笨蛋，你撞到我的船，到底长没长眼睛啊!”厉声斥责了一会儿,对面的船依然没有动静,甚至看不见一个人影。农夫仔细一看,才看清原来对面的船上空无一人。刚才一直听他大呼小叫的只是一个挣脱了绳索、顺河漂流的空船而已。

有时候,当你怒吼、责难之时,你的听众或许只是一只空船而已。而那个一再惹你发怒的人或事,决不会因为你的责难而改变它的航向。所以说,你的一切埋怨都是无济于事的。

职场中有很多人,但凡遇到一点挫折、一点困难、甚至一次加班,都会抱怨道:“自从工作以后,我就不停地倒霉。我真是这个世界上最最倒霉的人啊!”没错!为什么倒霉的总是你?原因正在于你总是抱怨。也就是说,并不是失败使人抱怨,而是爱抱怨的行为方式使人在职场中总是失败。而且事实上,抱怨对问题的解决,丁点儿好处都没有。凡事都具有两面性,工作也不例外。所以,从此刻起,做个不抱怨的人,试着接受工作中的不完美,并认真对待工作中出现的问题,将可能产生的抱怨变成善意的交流、系统的建议,乃至积极的行动,这样,你就会发现抱怨其实是多余的。

3 抱怨会惹人生厌

只要是在职场中生存,就会有不如意的事情存在。如果整日以牢骚满腹的状态对待,对人对已都没有好处。因为抱怨不仅会涣散人心,而且还会把自己搞得整天无精打采,也会因牢骚满腹而招人厌烦。

李阳曾说:“我不愿听失意者的哀叹,我不愿听抱怨者的牢骚,那是羊群里的瘟疫,我不能被它传染;我一试再试,忍受苦楚,争取每天的成功,避免以失败收场。我要为明天的成功播种,超过那些按部就班的人。在别人停滞不前时,我继续拼搏前行。”是啊,在这个世界上,没人喜欢和爱抱怨的人在一起,甚至包括你自已。

经常抱怨的人，同事会认为你缺少热情而远离你，上司则会认为你缺乏进取精神，甚至觉得你是一匹“害群之马”，在同事间引起不良情绪，瓦解团队的士气而不重用你。最终的结果是，别人觉得你对一切都缺少信心，以致被人所孤立甚至丢掉工作。

珍妮换了好几份工作了，总因为太爱抱怨，被人孤立而不得不时时跳槽。如今，她在一家网络公司做业务员，尽管已三个月，但业绩一直不好，为此，她总是向主管抱怨业务难做。

在一次业务洽谈失败后，她又发起了牢骚：“知道这次为什么失败吗？是由于我们的产品售后服务做得不够好，技术支持也不到位，这样的产品根本就不可能卖出去。”

主管耐心地对她说：“如果连我们公司的业务员都对自己的产品没了信心，又怎么能说服我们的客户呢？”

于是珍妮又接着抱怨：“光我有信心有什么用？我们的产品技术含量不高，价格又太贵，刚刚把一套销售方案定下来，没想到又涨价了，这怎么卖得出去？”

主管摇摇头，不悦地说：“我们的调价是根据市场的变化而适时调整的，不是盲目做出的决定。至于你卖不出产品，完全是你自己的原因，作为业务员，如何卖出产品才是你所应该考虑的问题。”

珍妮又欲和主管争辩，谁知，主管转身走掉了。不久，珍妮的岗位就由别人代替了。

在这里，如果珍妮能够从自身找原因而不是一味地抱怨，结果也许就会大不相同了。对一个公司来说，任何一个领导都希望自己的员工充满工作热情，而不是整天牢骚埋怨。当然，在努力做好自己的本职工作外，如果觉得公司有哪些方面不够完善、存在缺陷，可以找一个适当的机会向上司说出你的看法，最好再提出能够弥补缺陷的办法，帮助公司更好地发展。这样的员工想必到哪里都会受到欢迎。

记得有篇文章中写到过这样一个人：在过去的十几年中，他平均每天要花 2～3 个小时的时间写信、打电话甚至以交谈的方式向他的朋友们抱怨，抱怨这个世界到处都是问题。这种爱抱怨的习惯，十几年来一直没有改变。但是他身边的朋友却越来越少。由此可知，抱怨是种会传染的情绪，没人愿意沾染上。

工作中，一些人的愿望往往与现实存在着差距。正是这些差距让自己内心产生挫折感，引发情绪上的不满，从而产生抱怨。然而这绝不是应该选择的态度，而应化抱怨为行动，努力做好自己的工作。

二战时期的盟军将领麦克阿瑟，在 23 岁那年，以优异的成绩毕业于西点军校。然而在刚开始时，他被分配到一个偏远的矿井做管理工作。然而工作内容的枯燥以及环境的艰苦，成了他产生抱怨的根源。他整天抱怨那是一个鬼地方，根本不是人待的地方。同时还抱怨说离家太远，总之他的抱怨使得他的情绪十分低落。

后来，他的上司这样评价他："麦克阿瑟中尉在执行任务时，并没有表现出推荐之中所列的优点，他除了相貌英俊、仪表堂堂外，所履行的职责均无法令人满意！"

听到被自己上司这样评价，麦克阿瑟十分伤心，于是他从自身寻找原因，希望找到问题的症结所在。后来，他终于发现，一切都是自己的抱怨导致的。

于是，从那以后，麦克阿瑟努力改变了这一态度，后来，他真的彻底改变了自己爱抱怨的坏习惯了。

如果麦克阿瑟一直都我行我素，不改掉自己爱抱怨的臭毛病，或许就不会有以后的丰功伟绩、显赫事业了。可以说，抱怨是阻挡我们前进的绊脚石，不是你踢开它，就是它绊倒你。

所以，从现在起，不要再抱怨你的工作差、工资少，不要抱怨你领导的"偏心"……要知道，工作中有太多的不如意，就算工作给你的是所谓的"垃圾"，你同样能把垃圾踩在脚底下，登上世界之巅！

4 优秀的员工从不抱怨

有些人总喜欢为一些鸡毛蒜皮的小事斤斤计较,并常常为此抱怨不已。比如抱怨公司某某的电话补贴比自己高,某某的住宿条件比自己好,但是自己的工作任务比别人重……相信这类员工在工作中也不会有太高的建树,因为抱怨是一颗“毒瘤”,会腐蚀掉一个人工作的热情和内心的平静,让自己变得越来越远离成功。相反,那些平时从来不抱怨的人,却容易获得赏识,走向成功。可以说,优秀的员工是不会抱怨的,或者可以说,从来不抱怨的员工更容易走向成功。所以,如果你以前也是爱抱怨,那么从现在开始赶快喊停吧,让烦躁的心情平静下来,让自己接近成功。

有这样一位年轻人:

10 岁时在一家农场干活,但是不开心;之后当过电车售票员,但还是不开心;

16 岁时谎报年龄参军,但军旅生涯很不顺利,但他仍然没有抱怨,认真做着自己的事情;

17 岁时,他去了阿巴拉马州,开了个铁匠铺,但不久就倒闭了;

18 岁时,他受雇于南方铁路公司,但是他在得知太太怀孕后被解雇,然后他太太卷走他的所有财产;

他还卖过保险、轮胎,经营过加油站,还有一艘渡船,但都以失败告终。

接着他还策划过一次失败的绑架;

之后他做过迎宾,任过一家餐馆的主厨,但是由于新修的公路缘故,他再次失业。

这些接二连三的打击并没有击垮他的意志,也从来没听他抱怨过命运的不公。总之,也许是他不抱怨的精神感动了上苍,终于在一个平凡的日子里，他的命运开始了转变。

那是1952年，他驾车万里，拜访一家又一家餐馆，寻访餐饮合作者。他与合作者达成如下协议：餐馆每出售一只鸡需要支付他5美分。就这样，到1964时他已经拥有600多家专营炸鸡的销售店。这就是后来的“肯德基事业”，而当年的那位年轻人正是其创始人——山德士。如今，他的形象伴随肯德基为世界各地的人们熟知，深受人们的喜爱。

在这里，山德士的成功固然离不开他的勤奋和努力，但也离不开他那从不抱怨的心态和行为，如果当初他自怨自艾，又怎能会有当今的肯德基事业。当你想抱怨的时候，一切都会成为你抱怨的对象，当你不抱怨时，任何逆流绝境、惊涛骇浪都不值得你去皱一皱眉头。因为，一味地抱怨只会把事情弄得更糟。所以，无论现实如何，都不要抱怨，而是要靠自己的努力来改变现状，获得成功。

工作的过程就是克服困难的过程，在这一过程中既可以产生勇气，培养自己的坚毅品格，也能让自己养成抱怨的坏习惯。常常抱怨的人，终其一生，也不会有真正的成功。抱怨和推诿，其实是懦弱的表白。

希腊神话中，有一个名叫海格力斯的英雄人物。

一天，他走在崎岖的山路中，不小心踩到一个袋子，由于这个袋子正好放在路中间，海格力斯便用力地将它踢开。

没想到袋子不但没有移动，反而因为他的碰触而膨胀起来。海格力斯以为遇到了鬼，于是连忙拿起一根木棒，使劲地朝它猛打。但是，这个袋子不仅没有被打破，而且越涨越大，最后更把路口堵住了。海格力斯无路可走了。

就在此时，有个人走过来，连忙阻止海格力斯说：“朋友，快住手，你别再动它了，快离开它并忘了它吧！这是个仇恨袋，只要你不犯它，它永远都会是个小袋子。但是，如果你一侵犯它，它就会开始膨胀起来，慢慢地挡住你的去路，与你为敌，并且对峙到底！”

其实，抱怨就像这个仇恨袋，当你带着情绪对他，抱怨他阻碍了自己前进的道路时，它或许真的就无限制地膨胀起来，封住路口，阻挡你走向成功。因此，对于工作，不论遇到什么问题，都要把它当做使命来对待，从中感受它的价值，发挥出自己特有的能力来。这样当你完成使命后，会发现成功之芽正在心中悄然萌发。

每一个有志向的人都不应该心存抱怨，不要忘记工作赋予你的荣誉，不要忘记你的责任和使命。既然你选择了这个职业、这个岗位，就必须接受它的全部，而不仅仅只享受它给你带来的益处和快乐，这样才能让自己走向成功。

5 抱怨公司前先反省自己

如果你经常抱怨公司发展空间小，机会不大，甚至抱怨公司是烂公司、鬼地方，无论是当着同事的面还是下属的面，总喜欢用抱怨甚至贬损公司的方式来抬高自己，无论你是有意还是无意，这种言语和行为都是危险的，往往会成为某些同事攻击你的武器。事实上，这种武器不是别人创造的，是你自己在抱怨中只图一时痛快造成的。

曾经有位智者说："如果反省能够提前几十年，便有50%的人可能成为了不起的人才。"是啊，也许公司的些许混乱正好是你体现自己能力和存在价值的时候；公司制度越是不规范不完善，越能成为你做出成绩的好战场。如果你能抱着这样的想法，必将脱颖而出，成为公司不可多得的人才。而且，当你发牢骚，抱怨公司如何如何不好的时候，也是你最应该反省自己的时候，因为很多时候，与其抱怨不如反省自己，多从自己身上找原因，发现自己的不足之处，然后去改掉自己的缺点或毛病，让自己真正改变过来，才能从思想根源上认识问题、解决问题。

江波是公司有名的"怨夫"，一天到晚总是抱怨不停，这让身边的同事多少感到有些不舒服。而一同进公司的王海则不然，总是认认真真地做好自己的事儿。因此，两年后，王海升职了，而江波还在原地踏步。

这更加激起了江波的抱怨心理，以前他总是抱怨公司的“庙小”，抱怨公司是家族企业，抱怨上司是“鬼老板”，抱怨同事勾心斗角……而这次，他抱怨的是王海为何升职而自己却没有。按捺不住内心的不平，江波决定找自己的上司问一问究竟。

老板听后没有任何辩解，说：“明天是公司年会，需要准备一些水果。你去公司楼下的水果店看看有没有苹果卖。”

江波就下楼了，不就一会上来向老板汇报说：“经理，楼下的水果店有苹果卖。”

“哦，那价钱如何？”经理问道。

“这个……”江波停顿了几秒，然后又一次跑到楼下去询问价格。

过了一会，江波匆匆忙忙回来了，如实向老板汇报了价格。

“那有多少，够年会用的吗？”

此时的江波显得有些无奈，又一次跑到楼下看数量。如此重复了好几次，每次都是老板问什么他去打探什么。

最后，老板让他坐下不要说话，然后打电话让王海过来，交代了和刚才江波同样事情。

5分钟后，王海回来了。

上司问：“王海，你给我带来了什么消息？”

“先生，那里有苹果卖，数量足够年会时全体员工吃。除此之外，他们还有香蕉、木瓜、甜瓜和芒果。桔子的售价是每公斤1.5美元。店主告诉我，如果买的多，他还能给我们打八折。而且，每样水果我都拿回了一个样品，如果您觉得都还可以的话，我就回去下订单。”

老板转向一脸惊讶地等在旁边的江波，问道：“江波，刚才你要和我商量什么问题?”

“没什么，经理，我感到十分抱歉。”反省过后的江波羞怯地说。

每一个在职场中拼搏的人，不管在什么领域，都要明白这样一个道理：从来没有一个人因为常常抱怨而获得公司的赏识。相反，最受人欢迎的人往往是那些积极进取，乐于助人，勤勤恳恳，不将抱怨挂在嘴边的人。要知道，经常抱怨他人，爱发牢骚的人，终究得不到他人的认可，只能让自己永远活在抱怨之中。如果江波能像王海一样不抱怨，踏踏实实地做好自己的工作，也不会落得一个如此尴尬的境地。

因此，如果你现在还没有在现有工作岗位上做出让他人认可的成绩，没有得到公司的认可，那么就别抱怨领导不给你机会，而是应当从自身找原因。比如当你到了公司，有同事与你对面走过却没打招呼，不要抱怨地想“是对我有意见？我还懒得理你呢”，而应当这样想“是不是我做了什么事而惹得他生气了，或者他可能是在想着做事，没留神”。当工作上与同事一起完成了任务，哪知交上去了才发现还有个小错误，不要抱怨地想“真是白辛苦了，不过也不是我一个人的错”，而应这样想：“都怪自己粗心大意，下次要吸取教训，要更加小心了。”下班了，领导说大家留一留，晚上要开会，不要抱怨地想“又开会，怎么不在工作时间开啊？我与朋友的约会怎么办”，而应这样想：“这就是鱼与熊掌不可兼得呀”……

总之，一旦抱怨快要激发出来的时候，就要努力克制住自己，从自身寻找原因，思考是不是由于自身学习能力差，主动性不够强等，如此才能让自己进步，获得公司的认可。是啊，当盛开的鲜花绽放出自己的美丽之时，很多人只感叹它的美丽，可有谁知道它是吸收了多少营养，经历多少风雨之后才有的烂漫呢?

6 换位思考，理解你的老板

只要一提起自己的老板，总会听到这样的抱怨声：

“我们的老板真抠门，什么都是省钱第一，真让人受不了！”

“我天天加班到最后，不仅没有加班费，而且还不报销打车费。”

“办公室的空调坏了，这么热的天，老板都不管！”

“老板就是在剥削我们！”

“没有我们，就让老板去喝西北风去。”

……

事实上，这种抱怨声于我们十分熟悉，也许你就是经常发出这种抱怨声者之一。有人曾用这样一句话形容员工和老板之间的关系：“老板来自金星，员工来自火星。”说明了二者在合作的过程中所出现的矛盾。

有项调查显示，尽管老板是员工们“痛骂”的对象，但仍有不少人表示愿意当老板。他们曾调侃说“不想当老板的员工不是好员工”。当问及原因时，他们回答：

“当老板可以不受约束。”

“当老板可以不用受人管。”

“当老板可以开好车，住好房。”

“当老板可以赚很多的钱。”

……

由此可以看出，尽管老板是员工背后讨论的对象，但仍有不少人愿意跻身这种行列。的确，当老板确实可以不用受每周一到周五的迟到记录，也可以不用受上级领导的责备……但是你有没有发现，每天你下班的时候，老板依然埋头在办公室冥思苦想，因为作为老板，要时刻为公司的发展考虑，为整个公司的所有员工负责。所以，尽管有时老板们看起来风光无限，其实内心却承担着别人想象不到的痛苦。

不可否认，有时老板们的制度确实严厉了点，管理也确实严肃了点，但是如果我们能换位思考一下，也许就不难理解了。其实老板也是一个极其普通的人，他（她）跟我们一样，有家庭琐事的拖累，有巨大的压力，有工作瓶颈，有因员工不理解而带来的苦恼，也有不好对付的客户。所以，你要学会站在领导的立场上思考问题、做事情，体会领导的“用心良苦”，用“老板心态”要求自己，这样也许就能让自己的内心平衡，从而驱赶走内心的抱怨。

在新西兰，有家电视栏目叫“交换工作”，就是让两位报名的观众彼此交换对方的工作一天，以此来感受不同领域的甘苦，同时也能激励自己更努力地工作。

在一期节目中，有两位观众分别是政治领域的领导人物和建筑工地里的建筑工人。节目开始后，他们彼此交换了工作。

于是，那位政客做起了建筑工人的工作，戴上安全帽，然后开始了建筑工作。只见他灌浆，使用电钻，一切都显得那么陌生、笨拙；而那位建筑工人则被安排坐进宽敞明亮的办公室里，坐在一张豪华椅子里，尽管西装革履但却显得十分难受。然后不久，他还要排练演讲稿，准备主持召开会议……

短短的一天，两人都觉得对方的工作简直就是在受煎熬，相比之下还是自己的工作最好。节目一结束，两人立即各自恢复到自己的工作当中，而且比以前更加努力地工作。

从这个事例中是不是可以得到启示：如果你和自己的老板交换一下角色，你会有怎样的心情，是不是也会产生这样的不适感呢？如果这样，你还会让自己抱怨不停吗？所以说，尽管老板一职是一个令人艳羡的职位，但却不是人人可以胜任的。如果自己没有做老板的能力和机遇，最好不要让抱怨把自己淹没。如今，还有一些人将老板视为“黄世仁”、“周扒皮”，于是在老板不在的时候，能偷懒就偷懒，能揩油就揩油。这种思想和行为是多么的可怕啊！

人非草木，孰能无情。在我们过往的人生经历当中，你可以认真地想一下,是谁给了我们从刚入职时的一张白纸到拥有丰富经验的工作经历?是谁给了我们一个可以实现梦想的舞台?是谁让我们获得一份体面的工作和可喜的报酬?又是谁在公司的危难时刻走在最前面?答案就是老板。所以,换一个思维来看你的老板吧,与他进行换位思考。

有这样一个故事,说的是业务员小张因工作失误导致领导责怪的事情。一直以来,小张都有一个抱怨的习惯,这次事情出现后更是怨声不断。

当他从老板办公室走出来后,就发出了这些牢骚话:

“天下的老板不止你一个,此处不留爷,自有留爷处!

“凭我的天赋和勤奋,到哪里绝对都能胜任目前的工作。

“待遇的问题,没有最好,只有更好。

“像我这种高材生,把学习和提升视为自我完善的一部分,所以工作怎么做不用你催,我自己知道怎么做。”

……

总之,他喋喋不休的抱怨总结起来就一句话:没有你,地球照转,我照样吃饭,照样做事,照样发展。如果有机会,我的明天可能比在你这待着更精彩!

这时,和小张工位不远的老李听见后,把小张叫到一边对他说:“受到领导的训斥固然很生气,我很理解你的心情。但是你要知道,你这次工作的失误导致了本月全组人员都拿不到奖金,最重要的是还可能失去公司一个重要的客户。”

小张听后,觉得有几分道理,顿时哑口无言。

然后,老李接着说:“你应该看见了,全组人员没有一个抱怨你的,也没有一个找经理理论,为什么呢?还不是大家都能换位思考,把公司里的同事当成家人,把老板当成自己的亲人。也许你没发现,领导看起来比去年的似乎老了好几岁!”

经老张这么一说,小张还真的觉得自己刚才和老板拍桌子吵架的行为太过分了,这段时间领导确实为此事憔悴了不少,隔着玻璃总能看见他在里面为此事焦急地打电话，接电话，甚至还时不时一副叹气的表情。

小张觉得自己真的有些不应该，没有理解老板的苦心。他想，纵然老板责备了我，但是从另一方面来说，他不也为我提供了一个工作的机会吗，想当初找工作那么麻烦，若不是公司要了我，现在还不知道怎么样呢。再说了，老板还给了自己不错的待遇以及不断学习和提升的机会和可能。要是自己处在领导的位置上，按自己的性格，不把员工辞了才怪呢。……小张越想越觉得自己没有理解自己的老板。

于是，过了不久，他悄悄推开了老板办公室的门，向老板承认了自己的错误……

日本著名企业家松下幸之助说："我的员工要像企业家那样思考，不能只像个被雇来干活的人。"优秀的员工总是会把自己假设站在领导的位置上，然后再判断自己的想法和做法是否合适，或者思考为什么领导会做出这样的决策。只有进行这样的换位思考，才能更好地理解自己的老板，才能提升自己的思想，做出过人的业绩。

理解自己的老板，并不是说要对那种长期拖欠工资的老板一味地迁就，而是说当公司面临危险，有困难的时候，我们对公司所出现的问题要有足够的思想准备，而我们也要理解老板的艰辛和困难，甚至要抱着感恩之心对待你的老板。

7　不要抱怨分外的工作

很多人在对待分内和分外的工作上可谓泾渭分明，如果是分外的工作一概不闻不问，生怕自己多做一点点。比如，如果平时是 5：30 分，那么，他绝不会待到 5：31；如果是 6：00 下班，那么当时针指向 6 时，他就会以百米赛跑的速度冲出办公室。一旦哪天遇到紧急任务，需要加班时，他总是第一个抱怨起来“都已经下班了,凭什么还让我多干活?”“又在剥夺我们的业余时间!”“加班可以,但为什么没有加班费?”“真受不了啦,干脆辞职算了”……

固然,额外的工作于我们是有些心理上的不平衡,但是身处竞争如此激烈的职场,如果你想保住自己的工作,或者想升职,额外的工作就成了你的机遇。公司有千千万,但是从来不加班的公司却十分罕见。所以说,你在哪里都可能会遇到加班的公司,即便你跳的再频繁,也不会逃离要加班的公司。所以,当公司需要你多付出一点,多做一些额外的工作时,千万不要一副愁眉苦脸、怏怏不乐的样子,要知道这样只会让你失去更多的机会。同时,不愿做分外的工作,也不是有气度和有职业精神的表现。

在福特汽车公司,有这样一个故事:

一天,公司有十分紧急的事,于是就发通告信给所有的营业处,需要抽调一些员工协助加班。

这时,经理柯金斯对属下的一位书记员说:“你来帮忙去套下信封吧!”

只听那个职员傲慢地说:“套信封?那有碍我的身份。再说我到公司来不是做套信封工作的。分外的事情我不会做的!”

本来就十分着急的柯金斯听了这话,更是激起了他心中的怒火。但他还是按捺住,平静地说:“既然不是你分内的事就不做,那就请你另谋高就吧!”

就这样,那个员工失去了工作。

一个勇于负责、任劳任怨、被老板器重的员工,不仅体现在认真做好本职工作上,也体现在主动愿意接受分外工作上,甚至为上司排忧解难。因为对公司来说,分外工作往往是紧急而重要的,尽心尽力地完成它则是敬业精神的良好体现。案例中的那位职员如果能够少一点抱怨,为公司多做一点,自己又怎能丢掉这样一个不错的工作呢。

可想而知,如果不抱怨、躲避和排斥加班,甚至主动要求加班,每天都主动多做一点点,那么,你的老板和上司会很快关注你,逐渐信赖你,从而给你更多的机会！即使你低调如水，老板也能从众多的员工中发现你的闪光点。

赵海是位新来不久的员工，为人十分的诚恳、勤快。赵海所在的部门的是企划部，每次他的策划总能得到总经理的欣赏。于是，三个月的试用期过后，赵海的待遇就提高了许多，甚至比部门里其他的同事还要高。

这让企划部门的主管心有嫉妒，于是在工作中总是有意刁难赵海，甚至将自己的工作丢给他做。更让人容忍不了的是，每次上头交给部门主管的任务，主管总是往赵海面前一丢，说："你先做一个初期的策划交上来。"最终的结果是，主管把赵海做的策划案稍做修改，然后署上自己一个人的名字交给了总经理。

对于这些分外的工作，赵海没有一丝的抱怨，总是任劳任怨，加班加点地完成。在大家都休息的周六日，也总看见赵海在办公室义务加班的身影。

时间长了，大家为赵海打抱不平了，然而赵海只是笑笑，还对大家说，这对自己也是种锻炼啊，能够提高自己的工作能力。

有一次，正当主管看赵海交上来的策划案时，碰巧总经理到策划部视察工作。

那位主管便说："他做的策划有些地方不行，我帮他看看。"

总经理翻看了一下，说："我觉得很不错，要不你交一份更好的给我？"说完一脸严肃地走开了。

不久，公司任命赵海为策划部主管，并对赵海说："你的策划风格十分特别，我早就看出以前部门主管的不少策划案是你原创的，但你低调处世的态度，我很欣赏。"

对此，赵海认为：不太过分的分外工作，绝不仅是"为人做嫁衣"，而是一种锻炼，如果能以积极的态度去应对，总是会有收获的。

是啊，面对分外的工作，不应抱怨迭起，大呼自己倒霉。事实上，分外的工作于我们是有不少好处的：第一，分外的工作让我们多一次学习和锻炼的机会，甚至是多掌握了一种技能，多熟悉了一种业务，它会使我们尽快地从工作中成长起来；第二，分外的工作能够为我们赢得良好的声誉，这对我们来说是一笔巨大的无形财富，在我们的职业发展道路上，可能会起到关键的作用。所以，当你的同事，把一些本来不应归你负责的工作交给你，或者你的上司在你已经忙得不可开交时，又吩咐你做另一件事时，你不应抱怨而应尽量开心地接受。

8 抱怨，改变不了“不公平”

如今，很多上班族抱怨单位里有不公平、不合理的现象，有的认为自己“吃亏”，有的认为领导过于偏袒他人、冷落自己……总之，工作场变成了没有“公平”的阴暗角落。

要知道，这世上没有绝对的公平，一味地追求绝对的公平，只会导致心理严重失衡，使自己变得浮躁不安。其实，只要你做得好，工作就会给你回报，而不要让公平成为你掩盖自身不足的借口。

小黄是一家公司的老员工，在公司也有些年头了。自从到这家单位工作以来，他就一直任劳任怨，总是争取做得更好。但不知为什么，新来的上司似乎对他有些看法，总也不给他好脸色。

一次，小黄和同事一起解决了某个难题，但上司只当面表扬了他的同事，对小黄的努力却置之不理。这还不说，每月发工资时，业绩和小黄差不多的同事总是有丰厚的奖金，而他的奖金却不多。于是，小黄觉得自己受到的待遇实在不公平，因此对领导的不满也越积越多，总是向同事抱怨。

近来，小黄感觉一阵阵心绞痛。后来，在公司进行的一次例行体检中，年纪轻轻的小黄被查出患了心绞痛，医生也建议他平时多注意心理疏导。

人的不公平感总是在比较中产生的，我们总是习惯与周围人进行种种比较来确定自己所获报酬是否合理，如果觉得合理，就万事大吉；一旦感觉不合理，就会认为自己受到了不公平待遇，抱怨不止。

不公平感不仅会压抑一个人健康向上的良好心境，而且还影响到聪明才智与创造才能的发挥。如果小黄能够不与周围同事比较，那么新上司对他如何的“不公平”也不至于引起严重的后果。况且，自认为的“不公”并不是真正的“不公”，很多时候，不公平的产生往往是自己的心理作用，也不排除有些时候是有因可循的。所以，当自认为“不公平”的情况出现时，不要急于抱怨，因为抱怨并不能消除“不公平”感，甚至还会给自己留下遗憾。

海平和小唐共同供职于一家设计公司，他们都深受领导的器重。但是最近，海平明显地感到领导在分配工作上有失公平：总是给自己多分任务，而小唐却比自己少好多。他真是不明白上司为什么会这样做。也一直压抑着内心的疑问和怒火。

有一天，同样的事情又发生了。忙了一上午的海平刚匆忙吃完午饭，经理就过来对他说：“你先把自己手头上的活儿做完，然后小唐手里的工作也帮忙做一下，这个方案客户催得急，你尽量在明天早上交给我。”说完就转身对小唐说：“你同我出去见个客户。”然后就走了。

留下怒火攻心的海平站在那里，他觉得经理做的真是过分：为什么那么重的活儿交给他一个人做，而让小唐出去见客户？要知道，见客户可比自己的工作轻松多了！这次海平决定辞职走人了，但是在另一家新东家还未出现之前，他先在这里耗着。这之后，原本对工作兢兢业业的海平，做起事情来往往是应付差事，还经常在别的同事面前抱怨公司如何如何的不好，领导如何如何的不公。

后来，他终于寻了一个新东家，于是就去向经理辞职。

经理有些惋惜地说："我觉得你在设计方面是比较有天赋的，也在一直默默地培养你，部门的主管因公出差半年，本来打算要你做候补人员的。但是如今你决心已定，我也不好再勉强你了。"

听到这番话的海平，恨不能去撞墙，心中后悔的如海水翻腾不已。后来，海平得知，经理是觉得他在设计方面有天赋，所以让他多做些这方面的工作；而小唐的口才比较好，适合公关交际之类的工作，所以总带他出去。海平深深地觉得，自己之所以丢掉了这样一个好机会，就是由于自己错误的认识，以及对工作的无谓抱怨，这让他后悔不已。

不可否认，无论谁遇到像海平那样的待遇时，多少总会觉得自己"亏"，但是却不能成为我们不认真工作或者跳槽的理由。既然世界上本就没有绝对的公平、公正，对一个企业来说，当然更不能保证。如果一旦有丁点的"不公平"存在，就认为整个事情都是不公平的，那就未免以偏概全了。

当我们觉得自己正遭遇"不公平"待遇时，应冷静、理智地看待事情。不应把眼光紧紧盯在上司是否公平，是否对自己有偏见，或者干脆让抱怨先行，而是要在这样的事情中，考察自己是否因此提升了工作技能、增长了工作经验，这样才能成为一个优秀的员工。即使你遭受的是真正的"不公平"，也会博得大部分人的认同和钦佩。

9 抱怨不如改变

当你抱怨自己的薪水太少的时候，有没有想方设法让工资信封变厚？当你抱怨老板太吝啬时，有没有想过通过自己的努力成为公司里最会赚钱的人？当你抱怨加班太频繁时，有没有想着改变自己的做事方法，提高效率，争取在八小时之内完成自己的工作？当你抱怨公司没有提供发展平台时，有没有想过打造自己的核心竞争力？……事实上，在每一种看似合理的抱怨背后，都有一种更好的选择，那就是——改变现状。

我们已经知道，抱怨是工作中的毒瘤，能够腐蚀掉工作的热情和劲头，是晋升的绊脚石。与其这样，不如试着改变现状，从自身做起，让自己变得优秀起来，这样自然就能淡化甚至消除抱怨。

美国成功哲学演说家金·洛恩说：**“成功不是追求得来的，而是被改变后的自己主动吸引而来的。”**是的，在工作中，总有一些人不欣赏你，不喜欢你甚至不重视你。此时，与其抱怨别人，不如改变自己。

张奇是北京一家公司的保险推销员，业绩很差，收入也少得可怜。对于目前这种状况，张奇不知道抱怨了多少次。

一天，他向一位老人推销保险，滔滔不绝地说着投保的各种好处。最后，他觉得自己说的已经够好了，把要投保的各种理由都说过了，相信眼前这位老者一定不会拒绝，于是停下来。

没想到，老者的话给他浇了一头冷水。那位老者说：“小伙子，你说了这么多，我丝毫没有兴趣啊！”

张奇觉得无奈，就对面前的这位老者诉说自己的“悲惨”生活，说自己已经三个月没有签单，如果这个月还不能签单，就会被公司开除。同时还说了很多对自己职业的无奈与抱怨。总之，在别人看来，他好像真的是个倒霉蛋儿。

老人注视着他，接着说：“带着埋怨的情绪要向人推销，是起不到作用的，相反，要有一种强烈的吸引力才行，否则，你做推销就没有什么前途了。”看着满脸通红的张奇，老人接着说：“小伙子，还是先改造改造自己吧！”

张奇既失望又羞愧，但是仔细思忖，又觉得老者的话不无道理。于是，他决定从此改变自己。这样，“批评会”就应运而生了。所谓“批评会”，就是每月一次，每次请5个同事或者投了保的客户一起吃饭，请他们指出自己的毛病。尽管张奇的生活十分拮据,但他仍然乐此不疲地坚持着。

对张奇来说,每一次的“批评会”都使他有被剥皮抽筋的感觉,但他依旧默默地忍受着,把那些逆耳忠言记录下来,进行自我反省。随着毛病的减少,他渐渐成熟起来。

有付出就有回报。终于,张奇的改变让他的业绩变得越来越好。到了年终,他的业绩在公司是数一数二的。而且,最令人佩服的是,从他决定改变的那一年起,他的业绩竟然在公司连续保持5年第一的好成绩。

美国亿万富翁江波逊说:“遇到障碍我会诅咒,然后搬个梯子爬过去。”有些时候,迫切需要改变的不是别人,而是我们自己。**如果无法改变别人,最好的方法就是改变你自己。**同时,改变自己的同时,学会改变自己所处的境况,还能收到意想不到的效果。

广告专业毕业的姚莉,带着自己精心制作的作品到一家知名的广告公司面试。到公司后,她抽的面试号是最后一个。

漫长的等待过程是枯燥又紧张的,为了打发时间,姚莉向工作人员要了一杯水。当工作人员将水递给姚莉时不小心将杯子打翻了,水全都洒到了她的那张作品上。眨眼工夫,作品变得皱皱巴巴,原本鲜明的线条也变得模糊了。

怎么办?姚莉有些激动,要知道,这可是面试时要用到的作品,没有作品她怎么向考官解释她的创意和构思呢?但是此时的姚莉没有抱怨工作人员的疏忽大意,也没有抱怨命运和自己开这样的玩笑,而是立刻让自己冷静下来,赶紧向接待人员借来了纸和笔。

接下来,在有限的时间里,她专心地用一张白纸将自己创作的作品简单地再描画了一遍,用另一张白纸将原作品被淋湿的事情大概地叙述了一下。

接下来发生的故事就是,姚莉从众多的面试者中脱颖而出,被公司录用了。主考官后来跟她说:“广告注重创意和变通,你的作品虽然简单但却体现了这点。而且,你遇到事情临危不乱,勇于改变现状的态度是十分值得欣赏的。”

看看,与其在不如意时一味地抱怨,不如尝试着去改变,改变自己、改变现状,处境自然会变得如意起来。房龙说:“当世界抛弃了你,而你又无法改变时,你才有权利抱怨。”不少人在平时的工作中常常推责于别人,却很少从自己身上找原因。其实,别人的存在与做法一定有其合理性。抱怨别人,不如改变自己。你自己改变了,一切就会改观。

工作中,当你忙于抱怨市场不够好、资源不够好、运气不够好之时,不如花一点时间去审视自己,将自己改变一下,这样往往会取得事半功倍的效果。

10 用服从终结抱怨

在崇尚个性的今天,让自己绝对地去服从公司交代的任务似乎有些困难。但是服从于员工来说,是一种天职,一种美德,一种行为准则,一种锻炼工作能力的机会,而且服从还是员工应该具备的素质之一。服从是工作的推进剂,能给人的行动催生无穷的勇气,激发人的潜力。一个人只有在学习服从的过程中,才会对其机构的价值及运作方式有一个更透彻的了解。也就是说,如果你具备了这种服从精神,就能提高自己的工作能力、远离抱怨。

美国陆军军官学校——西点军校教给新学员的第一课就是如何服从。他们告诉自己的学员:如果你想成为职称、优秀、杰出、伟大的指挥官、领导者,就必须首先从学会服从开始。其实,企业和军队是一样的,如果你想成为一名优秀的员工,就要首先学会绝对地服从上级交代的任务和安排,无论遇到什么困难绝不喋喋不休地抱怨,或者找任何借口推托搪塞,这才是取得成就的前提和基础。

卡尔是公司最年轻的职员之一,尽管工作十分勤奋,但是和其他员工比起来显得有些稚嫩，因此并未得到上级领导的注意。

随着公司规模规模的扩大，业务量的增多，公司决定开拓一个新市场。几经周折，新市场还是确定下来了，但新的问题又来了：由于新市场的位置十分偏僻，几乎没有人愿意去负责。公司好不容易苦苦物色的几个自认为优秀的人选，也被他们以种种理由推脱了。

即使像卡尔这些还未被上司找去询问意见的人也惶恐不安，生怕自己会被派到那个偏远的地方。要知道，想在那个偏远的地方开拓市场，谈何容易啊！

无奈之下，公司的负责人只好退而选其次，派默默无闻的卡尔去执行这项任务。接到公司任务的卡尔没有一点怨言，他默默地接受了。第二天，带着公司生产的产品样本，就去了那个偏远的地方。

苍天不负有心人，经过三个月的苦心经营，卡尔终于在那个很多人都不看好的地方站稳了脚，同时还为公司的产品找到了很多买家。更重要的是，他预言那是个十分有潜力的地方！

当卡尔把这个令人振奋的消息带回公司时，同事们都惊奇地问他是如何看到那里的开发潜力的。卡尔浅浅一笑说："其实在出发时我也没有信心，甚至觉得你们的观点是正确的，但是我必须服从公司的安排。到那里后，尽管开始遇到了很多的麻烦，但我从来没有抱怨过什么，因为我一直告诉自己，既然服从了，就无怨无悔，而只能全力以赴地去执行任务，事实证明，我成功了。"

真正的服从是一种无条件的服从，是没有任何抱怨的服从，只有这样才能产生惊人的力量和结果。可以说，没有服从就没有一切。进入一家新的公司时，你必须从零开始，要给自己一个定位，明确自己的职责，服从公司分配给你的任务。正如卡尔一样，即使知道要面临一些想象不到的困难，也没有任何怨言地接受。

一个拥有事业心的员工，一定是一个无条件服从集体，无私地放弃个人利益，维护企业服从大局的人。他会在集体和个人的利益发生冲突时，不去找任何借口来掩饰自己，替自己开脱，更不会用无休止的抱怨来表示自己的不满，相反，而是以集体的利益为重，将自己彻底地融入到集体之中，融入到企业之中。优秀的人绝不只是人前接受鲜花掌声的那一个，只要服从分配，做好自己的本职工作，一样是优秀者。

可以说，人类登月的成功是世界科学家的伟大成就之一。而提起登月，必然离不开两个人物：阿姆斯特朗、奥尔德林。其中，他俩的分工不同，阿姆斯特朗的任务是走出飞船，亲近月球，而奥尔德林的任务则是在飞船上做好一切工作等待阿姆斯特朗上飞船回地球。

后来，当他们一起返回地球时，阿姆斯特朗说了句十分自豪的名言："我在月球上走了一小步，是全人类的一大步。"

当记者问奥尔德林："阿姆斯特朗成为登月第一人，而你只差咫尺之遥，就没有家喻户晓，你不感到遗憾吗？"

没想到奥尔德林却不带一点抱怨，不无幽默地说："我们只是分工不同而已。想想都可笑，要不是我在船上等着他，那小子就回不了家了。而且你们不要忘记，第一个走出登月舱，登上地球的外星人可是我奥尔德林。"说完大笑起来。别人也都为他宽广的胸襟充满崇敬。

奥尔德林自觉服从了他的任务安排，为阿姆斯特朗顺利返回机舱做好一切准备，所以才没有成为登月第一人。如果当时他无视自己的工作，也要做登月第一人，以此来载入航天史册，也许他俩就都回不了地球。而事实上，奥尔德林又何尝没在自己的工作中也找到了乐趣呢！是的，如果你能从公司整体利益的角度去考虑，尽心尽力地服从于上级，把服从看成是人生的一大美德，那么你就能终结自己的抱怨，成为一名实干型员工。

因此，当你进入了一家公司时，不论被分到哪一个部门，即使这个部门并不是你所希望的，你也不要提出太多的异议或者以跳槽相威胁，此时，服从具有极其有利的力量。因为如果你不服从，最终的结果只会是与企业之间失去相互的吸引力，结果是要么“跳槽”另谋他职，要么等待被辞退的命运。不管是哪一种结果，都不是一个非常有利的选择。相反只有服从才是走向成功的最佳捷径。

第四章 你是在为自己工作，而非老板

如果你始终以为别人打工的态度对待眼前这份工作，很可能永远都处于一种从属地位，无法真正获得独立自主，同时还会消磨掉自己的工作热情。事实上，工作绝非仅仅为了老板，也不仅仅为了金钱，因为它是你实现人生理想的重要手段之一。

如果把公司比作一艘船，那么你就应当像船长那样；如果把公司比作一个家，那么你就应当像一家之主那样！如果你能始终抱着这样的思想去工作，必然会激情满满，对自己的工作充满热情。

1 为老板工作 OR 为自己工作

微软公司创始人比尔·盖茨曾说:“不管你在哪里工作,都是在为自己工作,为实现自我价值而工作,为自己的成长而工作。”但是对于有些人,尤其是职场新人来说,他们往往弄不清自己到底是在为谁工作。就像他们经常说的那样:

“我是在为老板工作!”

“我不过是个打工的。”

“差不多就行了,是公司的事,又不是我自己的事情。”

“这不是我的事情,让别人去做吧。”

……

抱有这种想法的人,必会终日浑浑噩噩,应付工作,得过且过,拖延怠工……这样做于你是十分有害的,它会助长你的“打工观念”,使你认为工作就是一种简单的雇佣关系,做多做少,做好做坏,和自己没有多大的利益关系。这样的工作观念让无数人错失了人生中宝贵的机会,甚至自己毁掉了自己的锦绣前程。

有这样一个寓言故事:

有一个主人,他拥有两匹马。

一天,主人进城,便分别让两匹马各拉了一辆车,并在车上载满了货物。在行路时,总有一匹马慢慢腾腾,甚至还磨磨蹭蹭地走走停停。

主人为了赶路就把走路慢的那匹马所载的货物,挪到另一匹马车上。这时,那匹原本磨磨蹭蹭的马一看自己车上的货物没有了,就步履轻快地向前跑起来,还对另一匹马说:“你就傻乎乎地干吧,虽然你干得多,但我们还不是吃同样的食粮。这样下去总有一天累死你!”那匹任劳任怨的马没说什么,继续赶路。

到了城里后，别人看见两个马车，建议那位主人说："既然你只用一匹马来拉车，那就没必要养两匹马，不如只喂养那匹拉车的马，把另一匹宰掉，起码还能得到一张皮呢！"

主人听从了他人的建议，真的就把那匹马杀掉了。

从这则寓言故事中不难看出，如果不好好工作，就会像这匹马一样被职场淘汰。如果总是以为自己在为别人工作，那么在工作中肯定会消极倦怠，把工作看成是一种苦差役，这样就会逐渐产生消极抵触心理，如此一来，自己的工作将很难做好。

英特尔总裁安迪·葛洛夫也曾说过：**"无论从事什么职业，无论身处什么行业，弄明白'你在为谁工作'这个问题，至关重要。"**对待工作，我们要明白，我们与老板虽然是一种从属关系，但我们可以通过工作让自己从中获得锻炼，学到知识、积累经验。这样说来，工作是在为我们自己。工作的过程就是为自己一点点地积累财富，一点点地码高事业大厦的过程。所以，只要你在那个位置上，你就要明白是在为自己工作，无须做给老板看。你在为你自己努力，你的品质、行为、精神，都是你提高生存质量的必须。

有个老木匠兢兢业业工作了一辈子，后来他准备退休了。于是他告诉老板，说要离开建筑行业，回家与妻子儿女享受天伦之乐。

老板舍不得他走，就问他是否能帮忙再建一所房子，建好后再走，老木匠勉强答应了。但是大家后来都看得出，他工作时，心已不在工作上了。因为他心里想着，这是为老板建的最后一栋房子，反正也不是自己的，一般就可以了。因此，他在盖房子的时候，用的是软料，出的是粗活。

等到房子建好的那天，老板把大门的钥匙交给他，并说："这是你的房子，是我送给你的礼物。"

他顿时目瞪口呆，同时也羞愧得无地自容。如果早知道是在给自己建房子，他怎么会这样呢？他为别人建造了一辈子坚固的房子，没想到如今他亲手为自己粗制滥造了一座房子！

生活中的我们又何尝不是这样，漫不经心地应付自己的工作，不是积极行动，而是消极应付，凡事不肯精益求精，在关键时刻不能尽最大努力。以致等到关键时刻，才追悔莫及。如果例子中的老木匠能够始终抱着为自己工作，为自己建房的心态，又怎么会出现这样的结局呢？

可以说，认为工作是为自己，那么便不会有懒惰、报怨、消极、怀疑、马马虎虎、推诿塞责、投机取巧的行为与想法，更不会存在跳槽。认为工作是在为自己，不再需要别人的督促，你就会自己主宰自己，自己监督自己，自己对自己负责，自己想办法完成自己的任务。因为带着这种心态工作可以激发出我们自动自发的激情和责任心，让自己变得忠诚、敬业、服从、守信。

美国第三大钢铁公司的创始人——齐瓦勃，出生在美国乡村，少年时代一贫如洗。一个偶然的机会，他去钢铁大王卡内基的一个建筑工地打工。

建筑工地的工作可想而知，不仅累，而且极其单调。但是齐瓦勃全然没有同伴们的消极心态，他一丝不苟地工作着，并抽时间自学建筑知识，为以后的发展做准备。

看到他的表现，工地的同伴便经常讽刺挖苦他。他却这样回答说："我不光是在为老板打工，更不单纯是为了赚钱。我是在为自己的梦想打工，为自己的远大前途打工。我们只能在认认真真的工作中不断提升自己。我要使这份工作所产生的价值，远远超过所得的薪水，只有这样才能得到重用，才能获得发展的机遇！"

他的这番话，被一位负责人听到了，他深为齐瓦勃的行为所感动。在不久的后来，齐瓦勃果真获得了巨大的成功——他成了那家建筑公司的总经理。

齐瓦勃的经历清楚地表明：你就是在为自己工作，而不能不负责任，得过且过。你该有自己的梦想，工作只是你前进的阶梯，阶梯稳你才能登得高、看得远。工作所给予你的，要比你为它付出的更多。如果你将工作视为一个你需要获得实践经验的机会，那么，每一项工作都包含着许多这样的机会。

美国前国务卿鲍威尔他在自己的回忆录中写道："工作是为了自己，只要你永远认真努力地去对待自己所从事的工作并把每一件事情做好，你一定会有所成就的。"当我们从事任何行业、任何职业的时候，都要明白我们是在为自己工作，只有弄清楚这一简单的人生理念，才能尽其所能地将手中的事情做好，最终获得丰厚的物质报酬，赢得社会的尊重，实现自己的人生价值。

2　你就是自己的老板

很多人都表示自己愿意成为老板，事实上，只要你转换一下自己的思维，你就是自己的老板。为什么这么说呢？一般人总是抱着打工心态面对自己的工作，只做自己分内的事情，被动应付上级分配的任务。如果你换个思维，把自己的工作当成一种生意来经营，那么就会从全局来考虑，确定自己的工作在整个工作链条中所处的位置，找出最佳的做事方法，从而让工作更加出色、圆满地完成。这样一来，你做的就是老板要做的事情。

在北京一家高等学府门前不远处，有个修鞋的摊位，平时生意还不错。让人觉得不可思议的是，摊主竟然是一位年轻的姑娘。

曾有不少在校的大学生问她："一个姑娘家为别人修鞋，不觉得难为情吗？"

只见那位年轻的摊主笑着说："不会啊，我这里是修鞋'公司'，我就是这家'公司'老板，一个老板为自己的事业而工作，哪里还会有被人看不起的地方呢?”

的确如此,不管什么工作,只要把自己当成自己事业的老板,不仅能获得工作上的乐趣,而且还可以获得工作上的动力。每一个渴望在职场上闯出一片属于自己天地的人,都应这样对待自己的工作,始终抱着为自己打工的心态,就能让自己驰骋职场,成就一番事业。

当然,自己就是自己的老板说的是一种对工作的态度,并不是让自己真正的去做老板。如果是这样,就是对这一理论的曲解。有些上班族总是说:“打工并不是我的目的,当老板才是我的目标,等时机成熟了,我就会跳出来自己单干!”这种激情当然值得佩服,但是如果此时不能用心做好自己的当下工作,又怎能去实现自己当老板的愿望呢。

小崔是个颇有能力的年轻人,有着远大的理想和抱负。但是在对待自己的工作上,却表现出随便、不认真的态度。

原来,小崔一直认为公司不是自己的公司,自己也不是这里的上司,所以没必要煞费苦心地工作。而且小崔还认为如果让他管理一个公司,肯定做得很好。

两年后,他离开公司自己创办了一家小型公司。他信誓旦旦地对自己说:“这才是我的公司,我才是真心的老板,我一定会用心把它做大做好的,因为这是属于我自己的!”

但是过了不久,公司遭遇了一系列的打击,但由于当时的他对很多情况还不十分了解,因此根本无法应付,所以只能关门大吉——倒闭了。而他也重新回到了打工族的行列。

这次创业,给了小崔一个很好的教训:一味地不顾实际,一心想当老板,是对自己目前工作的不负责任。而真正应该做的,就是拥有一种主人翁精神,把自己置身于老板的位置思考问题、解决问题,只有这样才能做好自己的“老板”。

虽然我们不能像真正的老板那样支配所有的人力、物力以及财力,去完成高难度的工作,但就我们本身而言,是完全可以支配自己的时间、精力以及智力去创造自己的业绩,做好老板大工程下的小事情,并以此锻炼自己的统筹规划和理性思维能力，提高自己的业绩和竞争力，使有限的能力得到无限的锻炼和发挥，为成为真正的老板做好经验和智力上的准备。

宋波是一家房地产公司的普通职员，和别的同事一样按时上下班，但让其他同事不得其解的是，宋波每月的业绩都比别人的高很多。这是为什么呢？于是，同事们开始悄悄地观察起他来。

一段时间后，除了在处理客户信息时比别人有条理外，并未发现他与大家的不同之处。事实上，就是这一不同之处，才是他拉开与大家差距的真正原因。

原来，宋波在每天开始工作前总是会把前一天的工作做一个计划，再将房产的供求信息进行详细的分析，将人们购买房产的需求与实际购买能力进行分类，并找出最能让客户满意的类型，直接提供给客户。这样做不仅减少了带客户看房所浪费的时间，还能在最大程度上满足客户的需求，使自己的工作更有成效。宋波的这一工作方式为他赢得了不少“回头客”，一些买过房的客户，有时会把他们的亲戚、朋友介绍给宋波，这样更拓宽了他的客户范围，使他的业绩达到顶峰。

后来，有人问起宋波是如何想到这一方法的，只见宋波笑笑，然后说：“这其实很简单，是经理的做事方式启发了我。一次我去经理办公室，刚好看见他正在将每个员工的业绩和报酬逐一归类，然后再按照这一归类分别发放薪水。于是我就想，为什么自己的工作不能像经理这样，严格要求自己，将自己的工作做到清晰、有条理。就这样，我开始了用‘老板心态’要求自己，将什么人需要什么房，或者什么样的房适合哪一类人，分门别类地做好整理。这就是我的‘秘密’。”

宋波的这一“老板心态”的做事方式获得了同事们的赞赏和效仿，大家也纷纷用这种心态要求自己，让自己努力完成任务。尽管这样做加大了竞争，但是每次到统计业绩的时候，宋波所在

店的销量，总是遥遥领先于其他门店，稳居第一。

其实，成为自己的上司并不难，树立“老板心态”，从平常的工作中发现更加科学、便捷的工作方法和可发掘的个人发展空间，而这恰恰是成功老板所应具备的素质。完全可以说，科学、有效的安排好自己的职场规划，并坚持不懈地去实施，就可以成为一名出色的老板。

当你具备了这一态度，事实上也就是对自己的工作态度、工作方法以及工作成果提出了更高的要求和标准。只要能按这个标准深入思考、积极行动，很快你便会成为公司里的杰出人物甚至成为真正的老板。

3 别让“薪情”影响“心情”

从一定程度上说，薪水是衡量一个人价值的方式之一，但绝对不是唯一方式。因为商品有价，人在职场也有价。你该拿多少薪水，取决于你为工作做出贡献的大小。而衡量你价值的因素有你的学历、经验、特长、人脉、所处地域、所在行业等。也许正是因为此，很多人的“心情”受到了波动，于是为此不断地换工作，或者处在“骑驴找马”的状态下，物色更好的“东家”。

诚然，“人为财死，鸟为食亡”不能说绝对没有道理，尤其在当今这样一个经济型社会里。但是薪水却不能成为影响我们心情的主导因素，因为如果仅为面包而工作，那么未免过于狭隘。人生的追求不仅仅只是满足生存需要，还有更高层次的需求和动力驱使。工作除了能为我们带来基本的生活需求外，还可为将来的创业做好经验积累、技能提高、关系储备、增进知识等方面的准备。而且薪水只是工作的一种回报方式，每一个在职场拼搏的人都应该珍惜工作本身带给自己的报酬。譬如，艰难的任务能锻炼我们的意志；新的工作能拓展我们的才能；与同事的合作能培养我们的人格；与客户的交流能训练我们的品性等。可以说，工作所能带给我们的，要远比工资带给我们的多得多。如果能抱着这样的想法对待自己的工作，无论是谁都总有一天能实现自己的人生价值。

世界著名的成功学专家拿破仑·希尔曾经聘用了一位年轻的小姐当助手，主要工作就是替拿破仑·希尔拆阅、分类及回复他的大部分私人信件。具体说来，就是先听拿破仑·希尔口述，然后记录信的内容。尽管是一份让别人十分艳羡的工作，但她的薪水和其他从事类似工作的人大致相同。

直至有一天，拿破仑·希尔记述了下面这句格言，并要求她用打字机打印出来：**"记住，你唯一的限制就是你自己脑海中所设立的那个限制。"**正是这句格言，改变了他的这位年轻助手。

她把打好的纸张交给拿破仑·希尔时说："你的格言使我有了一个想法，这对你我都很有价值。"

这件事并未在拿破仑·希尔脑中留下特别深刻的印象，但从那天起，拿破仑·希尔却发现，他的那位助手，工作的劲头比以前高了很多，尽管她以前也工作的不错。甚至她还会在用完晚餐后回到办公室来，寻找是否还有什么可做的工作，时刻等待拿破仑·希尔的吩咐。

让拿破仑·希尔感到意外的是，这位助手还花了一段时间专门研究他的风格，然后将这一风格用在自己的回信中。当她把写好的回信送到拿破仑·希尔的办公桌上时，有时连拿破仑·希尔都分不出到底是自己写的还是她写的，因为从各方面看都和自己的风格相差无几。

那位年轻的助手一直保持着这个习惯，直到拿破仑·希尔的私人秘书辞职为止。于是，拿破仑·希尔第一个就想到了任用那位助手来填补这一职位的空缺。

事实上，在拿破仑·希尔还未正式给她这项职位之前，她已经主动地接受了它。因此当职位出现空缺时，拿破仑·希尔会很自然地想起她。她之所以能做到一个职位更高、薪水更高的工作，完全是由于她当初并没有死死盯住自己的薪水和自己所做的事情，而是对工作一直兢兢业业，一丝不苟地配合、完成。

其实“薪水”有很多种，它不仅仅是银行账户上不断增加的数字，同时还有你用肉眼看不到的其他东西。可以说，那位女助手是勤奋而聪明的，因为她始终明白自己工作的价值，并让自己坚持下去，一步步接近自己心中的目标。公司支付给你的是金钱，而工作赋予你的是令你终身受益的能力。与工作中获得的技能与经验相比，微薄的薪水就显得不那么重要了。

有人将世人分为三种：先知先觉型、后知后觉型和不知不觉型。先知先觉的人，认为自己是在为自己工作，他是在享受工作，因为工作是他生命成长的一个契机，他把工作当做一种享受，而非赖以糊口和赚取金钱的工具；后知后觉的人仅仅把工作当成谋生的手段，每天奔波劳碌，陷入工作的痛苦之中；最后一种类型的人始终不知为何工作，因此会得过且过，做一天和尚敲一天钟，浑浑噩噩，虚度年华。我们提倡的是做第一种类型的人，因为这种类型的人懂得如何工作，如何生活。

有位年轻人，在取得博士学位后，却总是因工作岗位与自己的学历不相符，每天都奔波在寻职的路上。最后，为了生计，他以大专学历在一家制造燃油机的企业担任品检员，薪水比普通工作还低。

但是，他工作十分认真，在工作了大约半个月后，他发现该公司生产成本高，产品质量差，于是便不遗余力地说服公司老板推行改革以占领市场。

身边的同事对他说：“你看你这么低的薪水，你为什么要这么卖劲儿？”

他笑道：“我不光是为这点工资工作，有这么一个为我们提供发挥能力的舞台，还有一个可以增长自己知识和能力的工作，岂不是最好的事情嘛！”

几个月后，这个年轻人凭着自己的能力，晋升为副经理，当然薪水也翻了好几倍。尤为重要的是，这几个月的改革给企业增加了巨大的利润。

如果你将工作视为一种积极的学习经验的过程，那么，每一项工作中都包含着许多个人成长的机会。我们不应只为薪水而打工，而应超越为薪水而工作。因为为薪水而工作，看起来目的明确，但是往往容易被眼前的利益蒙蔽心智，使你看不清自己未来的发展道路。而一旦我们超越为薪水而工作的范畴，就能像那位“先知先觉”的年轻人一样，获得更为重要的东西。

英特尔前总裁安迪·葛洛夫曾说：“个人想获得高薪，就不能只为薪水而工作，他必须有更高的目标。不管你在哪里工作，都别把自己当成普通员工，而应该把公司看作自己开的一样。”如果只为金钱工作，会让工作变得了无生趣；但如果超越为薪水而工作，不计较薪水的多少，就能从工作中获取快乐与尊严，也能实现自己的人生价值。

4　对工作负责就是对自己负责

相信很多人在面对工作中的错误时，总是会说“我又没有受过这方面的专业培训，工作出了状况肯定不怨我”，“这是某某的责任，与我无关”，“下班了，有什么事儿，明天上班再说吧”……这些问题的出现其根本原因就是：责任意识的缺失，当责任感缺失时就会导致有些人不去认真做事情，进而只讲客观不讲主观，只讲外因不讲主因。其实对每一个员工来说，不论你处在何种位置，都要以高度的责任心对待自己的工作。这不仅是工作的原则，也是人生的原则。当责任感成了一个人的生活态度，他就会变得优秀甚至卓越起来。

陈杰是一家商贸公司的市场部经理，至今他都记得自己当初所犯的一个错误。事情是这样的：

一次，有个职员上报给陈杰一个报告，报告的内容是为东京某公司生产10万部高档相机。而陈杰看到报告后二话没说，甚至连调查研究都没有进行就在报告上签了字。

后来，那批产品生产出来了。直至准备去报关时，公司才知道原来的那位职员早已被“猎头”公司挖走了，如果那批货继续运到东京，就会无影无踪，货款也会打水漂！

知道此事的陈杰顿时陷入愁眉苦脸之中，他一时也想不出更好的对策，同时也不知道该怎样向自己的上级解释这件事，总之只能一个人闷在办公室里焦躁不安。

正在此时，老板走进了他的办公室。看到他这副模样，正准备询问怎么回事时，陈杰坦诚地对老板说：“我知道我犯了一个不可饶恕的错误，不管结果如何，我愿承担一切的责任！”接着就向老板说了事情的原委。

本来也有几分怒气的上司，听了陈杰的话后深受感动，于是就答应陈杰去东京考察，并拨出专款作为差旅费。经过一段时间的努力，陈杰终于在东京联系好了另外一家买主。那位买主愿意出比以前更高的价钱购买那些高档相机。就这样，公司不仅没有为此蒙受损失，反而还大赚了一笔。而陈杰也因为在此事出现后勇于承担责任，得到了上司的嘉奖和好评。

一个能够勇于承担责任，面对自己弱点的人，不仅能弥补错误带来的不良结果，还能让自己在今后的工作中更加谨慎行事；不仅不会受到惩罚，还会留给他人勇于承担的好印象，让别人更加尊重你、信任你、原谅你，从而让自己的形象越来越高大起来。陈杰正是凭着自己的勇于承担获得了上司的信任和原谅以及支持，从而使事情“化险为夷”，获得称赞的。

相反，遇到事情相互推诿、相互埋怨的人却不能让自己“轻松”。因为这样做只不过是一种自欺欺人的表现，如果出现的问题就是由于你的原因，那么再怎么推诿、逃避都是没用的。更重要的是，这样做的最终结果依然是使问题得不到解决。

有位总统的桌子上一直都摆着这样一个牌子：问题到此为止。他的这种责任意识很快就被企业界所推崇，甚至在美国的一些公司一度掀起了强化责任意识的大潮。事实上，每位员工都应将尽职尽责的精神理解为“在其位、谋其政、负其责”的工作状态。只有这样，才能在遇到问题时不逃避、不推诿。

李华和乔远共同供职于一家物流公司，他们被分为工作搭档。一直以来，他们合作都很愉快，可是最近的一件事却改变了两人的工作境况。

一次，他们共同负责将一件大宗邮件送出，这个邮件内是一件古董，十分的贵重。他们在内心也反复叮嘱了自己要小心。当他们俩准备将其抬到货运车上时，需要一个人先上车，一个人将其递上去。于是，李华在下面将古董递给车上的乔远，结果乔远不小心没接住，只听见一阵清脆的响声——古董碎了。

必然的，他们受到了老板的严厉批评。

过了不久，乔远趁李华不注意，偷偷跑到老板的办公室对老板说：“这不是我的错，是李华不小心摔碎的。”老板听后，平静地说：“我知道了，你出去吧。”

随后，老板又把李华叫到了办公室，问他怎么回事。李华把整个事情的原委说了一遍，然后又说：“这件事我的责任比较大，我愿意承担责任。”

最后，老板把他俩一起找来，对他们说：“其实古董的主人看见了整个事情的发生过程，我也见证了在出事后你们的反应。所以我宣布，从现在开始，李华继续留下工作，用你每月工资的1/3来偿还客户，乔远，你可以不用来上班了。

比尔·盖茨曾说：“如果你有很强的责任感，能够接受别人不愿意接受的工作，并且从中体会到辛劳和乐趣，那你就能够克服困难，达到他人所无法达到的境界，并得到应有的回报。”对工作不能做到尽职尽责，凡事推脱，是一种不胜任的表现。相反，愿意承认错误，努力挽回损失的人则是一种对工作、对公司负责的表现。

因此,每个员工都应在不同的职业生涯中担负起相应的责任,不然,就不可能从中获得事业发展的权利,更不可能享受到事业成功后的那份成就感和满足感。只有拥有强烈的责任感,才能让自己为所做的每一项事情,每一个责任承载着自身事业的不断拓展,也能够推动自己和公司事业的发展和进步。

5 把工作当成事业一样来经营

有一家企业的普通工人,发明了好几项工作领域的专利。在谈到他的心得时,他说:“能够取得这些成功,就是因为我从来不把这份工作当做谋生的手段看待,而是当成事业来经营。”是啊,如果只把工作当做一件差事,或者只把目光停留在工作本身,那么即使是从事自己最喜欢的工作,仍然无法持久地保持对工作的激情。但如果把工作当做一项事业来看待,情况就会完全不同了。同一件事,对于工作等于事业的人来说,意味着执著追求、力求完美;而对于工作不等于事业的人而言,意味着出于无奈、不得已而为之。

职业只是靠技能来服务于人和社会而谋生的手段,而事业则是可以延续并由人继承的,像一种思想、一种理论、一种制度的创立和维护。工作固然辛苦,但对于愿意把工作当成事业并为自己的事业献身的人来说,工作不是一种负担,而是一种乐趣,是生活中的一个组成部分,因为我们只有在工作中才能充分发挥才能,才能实现自身的价值。

麦当劳的创始人雷·克罗克有一次在给员工做演讲时,问了这么个问题:“谁知道我们是做什么的?”

在场的所有员工回答:“是做快餐的。”唯有一个员工的回答与众不同,他是这样回答的:“我的职业是做快餐,可是我的事业是做地产生意。我们的最大的资产不是快餐给我们带来的利润,而是快餐带来的麦当劳地产保值增值!”

雷·克罗克对他的这一回答十分满意。因为他知道，这会是一名优秀的员工，他与众不同的眼光，证实了他把目前的职业当成心目中的事业来经营。

何尝不是如此呢，把工作当成事业对待的人，与仅仅为工作而工作的人是有着天壤之别的。把工作当成自己事业的人，一个典型的表现就是：充满了自信心、了解自己在做什么、熟悉行业的情况并且知道自己能做这个。而且，当把工作和自己的职业生涯联系起来后，就会正确的看待工作中的压力和单调，觉得自己所从事的是一份有价值、有意义的工作，并且从中可以感受到使命感和成就感。事实上，能够把本职工作当成事业来做，那么就等于成功了一半。

有个人随手拦了一辆出租车去机场，刚坐进这辆车，他就被车内的环境深深吸引了：车厢内铺着滚着鲜艳花边的羊毛地毯，玻璃隔板上镶着名画的复制品，车窗一尘不染。

那人惊讶地说："我从没搭过这样漂亮的出租车。"

司机哈哈一笑，说："谢谢夸奖。"

"你是怎么想到这样装饰你的车的？"乘客一脸好奇地问道。

"车是出租公司的。"司机依然笑着说，"我最初的理想不是出租车司机，所以在我刚开始做这份工作时，总抱着抵触的情绪。你知道，这行最怕的就是闹情绪，呵呵。"司机停顿了几秒。

"不过后来我认识到了，与其自己抗争，不如高高兴兴地接受。于是就开始认真做这份工作，这不做不当紧，我发现自己越来越喜欢这份工作了，甚至觉得这是自己的一项使命、一份事业。因此，以前看到车内地面的垃圾甚至座位或门把上甚至有花生酱、口香糖之类的东西时，我总是气愤地不理睬，觉得不是我自己的车，没必要那么费心。结果车越来越脏，客人越来越少，每个月的任务都完不成，一点工作积极性也没有。但是现在不一样了，你看看就知道了。"说完又是一阵爽朗的笑声。

"我按自己的想法把车设计成这样后，每位乘客上来后觉得十分开心。而且当每位乘客下车后，我都要查看一下，一定替下位乘客把车收拾得十分整洁。我的车回公司时仍然一尘不染。就这样，由于我的心情好、待人也热情，顾客似乎也十分配合我，再也没有垃圾留在车内了，而我的收入也比以前高了许多。”

那位乘客不禁为司机师傅的工作状态所折服。

不可否认，如果不是这位司机将自己原本枯燥的工作当成一个有意思的事业来经营，就不会有良好的车内环境，也不会有喜人的笑脸，更不会有丰厚的收入。工作可能很辛苦，把工作当事业来经营，那么就会变得很快乐。经营的过程，也是我们知识得以增长，思想得以成熟，人格得以完善的过程。当某件工作被主动完成时，你会发现自己的才华、自身价值也得到了体现。

美国布拉尼克博士曾对1500名男女做了持续20年的研究，这项研究从他们20多岁开始，直到40多岁为止。在这1500人当中，有83位受试者成了百万富翁。

研究发现，每个变成富翁的人，都很早就下定决心要专攻某件令他们痴迷的事——他们喜欢做的事。结果，努力工作15年或20年后，他们猛然发现，自己的净资产值超过了100万美元。在这类人当中，有百分之七八十都不是企业家，也没有伟大的技艺天才，而只是靠他们在工作中的卓越表现和专长成为富翁。每个人工作都有目的：把金钱置于第一位，你就很可能一直处于贫穷之中；而把事业置于第一位，你就会走上致富之路。

成功人生的重要分水岭是——为事业而不是为工作奔波。把工作看成一种任务，生活变成了奴役。而只有为事业而工作，才不会成为工作的奴隶。一名优秀的员工绝对是属于把职业当事业的人。可以说，把工作当成事业，没有干不好的事。因为这样的人明确自己的发展方向，能够找准自己的职业定位，并能朝着设定的职业方向努力发展，最终会在工作中做得十分出色，引起企业的重视，渐渐走向真正的成功。所以，将自己的职业当成是值得自己终生奋斗的事业，并倾力做好它吧！

6 比别人多做一点点

林肯是美国历史上著名的总统之一，他曾说过这样的话："有两种人绝对不会成功，一种是除非别人让他去做，不然绝不会主动做事的人；另一种是即使别人要他做，也做不好事情的人。相反，那些不需要他人催促或者吩咐，而主动去做应做的事的人，而且不会半途而废的人则必将获得成功。"然而在现实工作中，很多人就是那种非得等到别人催促的时候才去做事情的人，而且还不见得就能做好。其实，不等别人说出口，就主动找事情做，看起来是比别人做得多，实际上则意味着比别人多积累了一份资本，比别人多显露一份才华，比别人多创造了一次成功的机会。

著名的投资专家江波·坦普尔顿通过大量的观察研究，得出了一条"多一盎司定律"的真理。他指出，取得突出成就的人与取得中等成就的人其实几乎做了同样多的工作，他们所做出的努力差别很小——只是"多一盎司"。尽管一盎司只相当于1/16磅(半两稍多一点)，但是，就是这微不足道的一点点区别，却会让两者的工作大不一样。

费城，一个多雨的午后，有位穿戴朴素的老妇人走进了一家百货公司。冷清的商店只见柜台人员在相互聊天以打发时间，好像他们并没看见那位妇人，因此也没人理会她。

唯独有一个年轻人走过来，热情地问她需要什么商品，并且表示自己愿意为她效劳。老妇人只回答说，自己是在躲雨，等雨停了就走，所以并不需要什么商品。那位年轻人听后，不但没有推销给她并不需要的商品，而且也没有转身离去，反而说，那您够累的吧，说着就给她搬过来一把椅子让她休息。

过了一段时间，雨停了，那位老妇人向年轻人说了声"谢谢"，并向他要了一张名片就转身走了。

几个月之后这家商店老板收到了一封信，信中要求派这位年轻人前往苏格兰收取装潢一座城堡的订单。这封信就是那位老妇人写的，而她，正是美国钢铁大王卡耐基的母亲。

事实上，当这位年轻人打包准备去苏格兰时，他已经升格为这家百货公司的合伙人了。

这位年轻人是付出了很多的心血和劳动吗？当然不是，他付出的仅仅是比别人多一些关心和礼貌。这些东西对任何人来说，都能够轻而易举地做到，但为什么就没去做呢。也许这位年轻人和其他人工作一样，平时的业绩、努力程度都不相上下，但是他之所以能获得这次难得的机会，关键就在于他能在别人聊天打发时间的当儿多做了那么一点点。而正是这一点点，让他获得如此丰厚的回报。

不过再细想一下，这位年轻人肯定是经常这样做，所以才养成了良好的习惯。对我们来说，“每天”多付出一点，“天天”都多付出一点点，而不是哪天心血来潮了，就多做一点，做好一点，第二天，热情一过，则又回归原样。“一点点”看似微不足道，但日积月累，就会是一笔很大的财富。“多一份耕耘多一份收获”实际上就是对那些能够坚持不懈之人的一种奖赏。

如果不是你的工作，而你做了，这就是机会。当你抓住机会，比别人多做一点时，即使初衷也许并非为了获得报酬，但结果往往会大出你的意外。

韩琦没想到自己的职务提升竟然是由自己多做一点点获得的。事情是这样的：

一个周六的下午，已经到了下班时间，韩琦也正在收拾东西准备回家。正当这时，和韩琦的公司同在一层楼的一位律师过来了，原来他有些工作必须在今天完成，所以需要一位速记员。

韩琦告诉他，公司所有速记员都去观看球赛了，如果晚来五分钟，自己也会走。但同时表示自己愿意留下来帮助他，因为“球赛随时都可以看，但是工作必须在当天完成”。就这样，韩琦帮助那位律师工作，直至工作完成。

完工后，律师问韩琦应该付他多少钱。韩琦开玩笑地回答："哦，既然是你的工作，大约1000元吧。如果是别人的工作，我是不会收取任何费用的。"律师笑了笑，向韩琦表示谢意。

当然，韩琦的回答不过是一个玩笑，并没有真正想得到1000元。但出乎韩琦意料之外的是，那位律师竟然真的这样做了：六个月之后，当韩琦已将此事忘到了九霄云外时，律师却找到了韩琦，交给他1000元并且邀请他，说，如果韩琦愿意可以到自己公司工作，薪水比现在高出1000多元！

韩琦不过是出于乐于助人的愿望，牺牲了点自己的个人时间，比自己其他同事多做了一点事，就为自己增加了1000元的现金收入，而且也为自己带来一个比以前更重要、收入更高的职务。所以，当顾客、同事和你的老板要求你提供帮助，让你多做一些事情的时候，积极地伸出援助之手吧！努力让自己从另外一个角度来思考，换一个角色，或许就会有不同的结果。要知道，很多时候，机会总是乔装成"问题"的样子来"考验"我们。

不要以为比别人多做就会吃亏，要知道，当你在做那些事情的时候，无意间所表露出来的宽容、善良以及工作能力，都足以吸引身边的人向你靠近，将自己的人际关系盘活。否则，只能让自己陷入困境之中。

程先生是从事设计工作的职员，其工作能力和专业能力公司里的人无人能及，而且公司像他这种类型的人才本身就缺，所以大家都很尊重他，也很看好他。

但时间一长大家发现，程先生的工作能力自不必说，但是从来不愿多做事情，哪怕是一点点。按说，同事之间说不准有谁用着谁的时候，然而程先生却不这样认为，对别人的求助总是不冷不热的样子。

有一次，单位领导要到他们科视察工作，当时大家手头都有工作，正忙得不可开交，独程先生正闲。于是，大家的意思是在领导到来之前，程先生可以简单地将办公室收拾一下。但是程先生认为这不是自己分内的事儿，没必要去做，因此置之不理。

正说时，领导来了，看到他们办公室乱糟糟的样子加上程先生闲散的工作态度，面露不悦。

如此的事情多次出现，程先生一直都是我行我素。终于到了年终考核的时候，程先生心中暗想，像自己如此有才能的人肯定会受到嘉奖。但结果是，自己平时那些乐于助人、总是超额完成任务的同事们获得了嘉奖，而程先生由于没有团队协作精神，以及缺乏沟通等，未授予任何嘉奖。让程先生好不尴尬。

斤斤计较，不肯多做一点的人，不会有良好的人际关系，也不会被同事们接受，更不会得到公司的认可。程先生的事例恰恰就说明了这个道理。如果他能不计个人得失，不吝啬个人才华和智慧，不坐视不管，尽自己所能多做一些事情，又怎么会落得如此下场呢！

保质保量完成自己工作的人，是好员工。但如果在自己的工作中比别人再“多做一点点”，你就可能成为优秀的员工。这一理论适用于任何行业，任何职务。如果你还在为自己多做的那些事儿感到委屈，不如坦然地接受并尽全力去做好吧。这样不仅能最大程度地展现自己的工作态度、最高限度地发挥自己的天赋，还能让自身价值不断上升。

7 树立“补位”意识

“补位”本是一种足球运动战术术语，是比赛中集体防守的一种配合方法，指防守中本队一个队员被对手突破时，另一队员前去封堵。把它运用到工作中时，则有两方面的意思：一是不但要把工作做到位，而且还要善于补位，想他人所未想，以随时应对可能发生的各种问题；另一方面，则是要善于跑位，就像足球场上运动员一样，通过跑位，随时抓住进球的机会。

而且，每个公司都会或多或少地出现一些无人负责的事情，这时就需要员工有一种补位意识，多做一些事情。事实上，做的事情越多，你的地位越重要，掌握的个人资源和工作资源也就越多，情形对自己就越有利。这样说来，做得多不仅不会让自己吃亏，还能让自己得到更多，何乐而不为呢！

天华是一家公司新来的普通员工，和别人一样，每天就是收发领导文件什么的，工作比较轻松。但是天华并没有沉醉在这种清闲的工作中享受，而是像颗螺丝钉一样，一旦公司哪个环节需要人手时，他就会赶在第一时间补上，从不让工作出现无人负责的情况。正是因为此，他的人缘很好，别人也总是喜欢让他帮自己做些事情。

但是天华并未认为自己是"跑龙套"的，他认为自己所做的事儿尽管杂，但是得到锻炼的机会也不少，比如叫他去接触传媒，联系公司的广告业务，参与广告文案的写作，选择适合的传播渠道等，都是自己在充电和学习的机会。事实上，天华所做的一切都被领导看在眼里。

有一次，公司完成了一个项目，要请五位领导上台剪彩。

五位领导被请上台后，项目经理发现台下还有一位相当级别的老领导也来了，于是硬把这位领导拉上台，让他也一道剪彩。下面的员工个个看在眼里，急在心里，眼看就要出洋相了，因为事先安排的是五个人，所以就准备了五把剪刀。尤其是办公室主任，那副表情好像在等待着一场宣判。

说时迟，那时快，正在此时，只见天华迅速地从大衣口袋里拿出一把剪刀递给办公室主任，主任像找到了救命稻草似的急忙把剪刀递上去。接下来看到的就是一字排开的六位领导喜气洋洋地剪完了彩，所有的人皆大欢喜。其他员工在小惊之后，顿生敬佩。

末了，办公室主任问天华："你怎么知道还会叫一个人上去？"

"我就是准备着以防万一用，如果老总再叫一个，我这边口袋还装着一把呢。”说完嘿嘿笑了。

“你小子，还真行。”

……

从这以后，天华更忙了，不仅要为同事们忙，老总现在也会时不时“麻烦”天华，不过现在天华忙的可是一些重要的事情。比如公司的一些重要客户，一些谈判的场合，老总都会带上天华一起去。

终于有一天公司要准备“上市”了，需要把公司彻底包装成一家公众公司，拟一份招股说明书，集团董事会希望天华能做好准备，协助管理层完成公司历史上质的飞跃。

争气的天华终于不负众望，漂亮地完成了自己的工作任务。于是他理所当然地成为那家上市公司董事会的秘书。后来，他又跃升至公司管理层高级管理人员，并且成为资本运营方面独当一面的大将。

任何时候，都要学会扪心自问：我是否有补位意识？是否善于补位呢？如果你的回答不是特别肯定的话，那么，你就必须改变自己的工作态度，让自己成为一个任何时候别人都离不开你的人。天华就是一个善于补位，想他人所未想的人，所以他才能随时应对可能发生的各种问题，把“泥饭碗”变成了“金饭碗”。

其实无论你做什么，都是在为将来做准备，如果能够树立起补位意识，用锻炼自己成长的积极心态来对待自己正在做的事情，就能把工作当成机会，把指派当成锻炼。从而以一种主人翁意识积极认真地投入到工作中，这样必将使你的工作锦上添花。

8 为公司省钱，就是为自己赚钱

有些员工认为，公司就是“公家”，公司的资源似乎是取之不尽、用之不竭的，更甚的还会产生“不用白不用，不浪费白不浪费”的错误认识。因此，我们常常看见这些现象：永远亮着的饮水机、彻夜长明的灯光、连轴转的电脑……要知道，“大河有水小河满，大河无水小河干“，公司的整体利益和每一个人都是息息相关的，这些小小的浪费都会体现在公司的成本中。

也许有人会问：一分钱是什么？到底是什么呢，在普通人眼里，一分钱就是一分钱，是个无足轻重的小数目；而在把工作当成是为自己的员工眼里，则成了一分利润，也就是自己事业的千百万分之一。对一个有头脑的员工来说，真正的钱不是装在自己腰包里的，而是装在老板腰包里的。可以说，把工作当成自己的事业来经营，始终认为是在为自己工作，并且懂得老板的钱就是自己的钱财来源的员工才是真正有前途的员工。

因此，为老板赚钱就是为自己赚钱，替老板省钱就是为自己省钱，省钱就是赚钱。具有这种意识的员工，必然是把自己的成败与公司的成败融为一体的员工。

思科公司在节约成本方面做得十分令人称道，其员工的节约精神也值得其他企业学习。

迈进思科公司的大门，就可看见灰色的柜子上摆着一个用竹子编成的小筐，上面贴着纸条：回收电池。员工们会很自觉地将自己用过的废电池扔进去。不仅如此，员工们在用复印纸方面也做得十分到位，他们通常要双面打印一张纸；即使是出差，也主动申请坐经济舱。总之，员工们对公司节约的意识，让思科每年都能增加许多收益。

事实上，每年公司也会给予员工一定的奖励，而这些奖励远远超过为公司所节省的资金。

俗话说：小洞不补，大洞吃苦。防微杜渐，从点滴做起。任何事物都有一个由量变到质变的演变过程，在小事上不注意，小节上不检点，久而久之就会出现大问题。只有及时发现并解决公司出现的浪费问题，才能为公司节约成本，为自己赚钱。

张涛是一家加工童鞋的普通工人。近来他总听说刷胶的部门总是超出预算，但奇怪的是，并没有人去特意浪费，也没有人偷走原材料，厂里领导一直都找不到原因。

细心的张涛知道后觉得自己是公司的一分子，理应找出其中的原因，并解决这一问题。

过了一段时间，张涛终于发现：原来问题在于刷胶水的刷子太宽了。因为他们做的是童鞋，而刷子却是市面上统一规格的，刷子上总会残留有多余的胶水，而实际用的量却不多，刷一双两双可能没有多少，但是一天天累计下来，浪费的量就很多了。

发现这一情况后，张涛就向公司领导说明了这一原因，而公司也采纳了，将刷子的宽度改容了，从此浪费现象就消失了。

张涛以为这件事就此过去了，让他没想到的是，不久公司领导找他过去谈话，准备提拔他做刷胶部门的负责人助理。张涛又惊又喜，觉得自己仅仅为公司做了一点微不足道的成本节约的事情，就获得了领导的欣赏和青睐，真是有些受宠若惊。

一个刷子的宽窄是一个很不起眼的问题，但就是这个小问题带来了很大的浪费。在我们的工作中，如果也具有像张涛一样具有这种从小事做起，从小事抓起的意识，就能为公司省钱，为自己“赚钱”。因为“利润至上”是每个公司的原始推动力，是公司存在、发展乃至服务社会的根本。因此，老板们都希望员工头脑中有一个简单却至关重要的概念，那就是赚钱不仅是老板的事，而是公司中每个人都要关心的问题。一个有头脑的员工会把公司当成自己的家，把花公司的钱看成是花自己的钱，在工作中为公司开源节流。这样的员工才是公司发展的动力。

有位作家曾说过：“一根火柴价值不到一分钱，而一栋房子价值要数百万元，但是一根火柴却可以摧毁一栋房子。”由此可见微不足道的潜在破坏力。浪费也是一样的，尽管每天只是浪费了一粒米，或者浪费了一度电，看起来毫不起眼，可是一年算下来，就是一个很可观的数目了。尤其在现代社会，一个企业的兴衰成败很大程度上取决于员工的节约意识，如果员工缺乏这种意识，那么整个企业的命运也就危在旦夕。

三株口服液曾风靡一时，为很多人所熟知，因为它创下过很多辉煌：公司拥有15万员工，在短短的3年时间里，销售额提高了64倍，达到80亿元，打造出了无比辉煌的保健品帝国，销售网络遍布全国，而且触角直达各地村镇。总裁吴炳新曾自豪地说："中国第一大网络是邮政网，第二大网络就是三株网。"

就是这样一个如此庞大的企业，却在短短几年时间内轰然倒下，不能不令企业界的人士为之叹息。为什么会这样呢？

原来，尽管其失败的原因是多方面的，但是有一个重要的原因就是员工缺乏节约意识。比如：有的子公司70%的广告费都被浪费掉了；有的子公司一年的电话费竟然达到39万元，招待费高达50万元。更令人惊讶的是，公司出现危机时，有些员工竟然纷纷携款而逃！可以说，由于三株公司的员工没有"花公司的钱要像花自己的钱"这样的意识，才最终造成了偌大的公司倒下的事实。

"千里之堤，溃于蚁穴。"很多的"大"都是由"小"堆积而来的。一个人如果意识不到这一点，那么他也很难有大的成就；一个企业的员工如果没有这样的意识，就很难在工作中取得成就。平时花公司的钱大手大脚并没有好处，万一像三株口服液那样倒闭后，一切都得归零，从头开始。所以，只有主动节约，公司的每一分钱才不会白花，公司的每一分钱也才不会浪费。作为公司的一员，应该加强节约意识，并将其转化成自觉行动，聚沙成塔，集腋成裘，这样公司才能在激烈的市场竞争中永远立于不败之地。

9 你糊弄工作，工作也会糊弄你

有句大家早已耳熟能详的话说："今天工作不努力，明天努力找工作!”其实我们也可以这样说:“今天你糊弄工作,明天工作也会糊弄你!”对每一个职场中人来说,只有对工作抱着极大地热忱,勇于承担重任,不挑肥拣瘦,才能练就认真对待工作的态度。

但是在我们的身边,常常会看见这样一些人:每天到办公室后,总是想方设法少干活,或者利用上班时间做自己的事情。在他们看来,给多少钱,就干多少事是应该的,因此他们总是能少干一分,绝不多干一分,最好少干些。他们自以为自己很聪明,马虎应付完每一天的工作,甚至常常暗自窃喜。殊不知,糊弄工作,其实就是在糊弄自己。

张平是一家罐头厂的采购员,在单位也算是资深员工了,因此平时总是仗着自己的学历高,资历老,对工作不够认真。

一次,他负责给公司订购一批水果。当对方出示合同时,他觉得签合同的事做的多了,几乎连浏览都没浏览,就大笔一挥,刷刷地签上了大名。结果出现了大问题。

原来,合同上写着:“梨每个大于0.5斤,有疤痕的不要。”注意,其中的逗号本应是顿号。就这样,供货商钻了空子,给拉来几车全是非常小的梨!公司哑巴吃黄连——有苦说不出,损失十分惨重。

同样,还有一件类似的事情值得深思:

一名在外地负责采购的员工给其主管发电报报价:“1万吨大麦,每吨400美元。价格高不高?买不买?”

而那位主管的原意是要说“不。太高”,但是却因疏忽,将电报里的句号漏掉了,结果就成了“不太高”。结果,这一下就使公司损失了上百万。后来公司直接将那位员工和主管双双辞退。

马虎、粗心大意、草率等行为,都是对工作不负责任的具体表现。在工作中,只有怀着高度的责任感,将工作当成一件大事来对待,才能做得出色。反之,不把公司的兴亡放在心上,对工作敷衍了事,则会像例子中的采购员和主管一样,必将成为公司首先考虑的辞退对象。

作为员工,自己分内的工作一定要保质保量完成。不要养成依赖别人的坏习惯，也不要以为自己丁点儿不负责就不会有人发现，或对企业不会有什么影响；更不要只注意数量而不在意质量，潦潦草草地完成任务。即使工作不在你的职责范畴内，也要多投入一些关注，当需要自己的时候，认真去做。

可以说，每个老板都不会允许那些只拿薪水、却对工作敷衍的员工的。更何况，如今企业间的竞争越来越激烈，一点疏忽和差错都可能关系到企业的生死存亡。应付工作的人，很可能就是公司的隐患。

小柯是一家大型企业的中层管理人员，他头脑聪明，精明能干，是公司高层看上的职位接班人。可以说，他的事业前景一片光明，连他自己也颇为得意，觉得自己在中层上有点大材小用。但是，却因一件小事毁了他美好的前程。

小柯本来就是个球迷，当世界杯开始的时候，他就像屁股下长了刺似的，总不能安心坐在自己的位置上做事情。一天下午，工作才进行到一半，小柯又忍不住了，非要去看球赛。有人劝他应该把工作完成，否则老板会生气。小柯却笑着说，老板不会知道的，更何况这么简单的工作我已经做好了大半，等我回来再继续。于是小柯偷偷地离开了办公室，找到一个有电视的房间，尽情地欣赏起自己喜爱球队的精彩比赛来。

半小时后，当他带着惬意匆匆赶回自己的办公室时，发现一切正常，而且同事们也都在忙碌着，于是他放心地回到自己的桌子旁。就在这时，他忽然看见桌子上的一张纸条，立马惊呆了。上面写道："既然你那么喜欢看球，不如回家尽情去欣赏好了。"下面是他熟悉的老板签名。

原来，就在他刚离开不久，从不到下面"串门"的老板很随意地走进了他的办公室，因为有一个重要的报表在小柯这里，关系到几千万元的大生意，需要在几分钟内给客户回话。后来，老板在他办公室左等右等，还是等不来他，而且电话也不通（为了能更好地看球赛，小柯把手机关了）。于是，老板勃然大怒，毅然辞掉了这位很有潜能的中层管理者。

中年失业的小柯后来又辗转应聘了几家公司，但始终未能找到适合自己的位置，收入也每况愈下，生活日渐潦倒。他为那次事情而深深地后悔。

无论在什么企业，在什么职位，那些糊弄工作的人往往会成为裁员的“热门人选”。如果一个企业内有很多的“糊弄”型员工而不及时剔除的话，就会像一个烂苹果一样，迅速殃及箱子里的其他苹果，逐渐把整个企业慢慢腐蚀掉。

所以，从今天起，无论从事什么工作，都不要应付工作，糊弄工作，当一天和尚撞一天钟，而是应该把认真对待工作的精神当成“呼吸”，一丝不苟地对待工作。

第五章　改变环境先从适应开始

每个人的一生都是适应环境的过程，工作也是如此。如果把工作环境比作一片森林，那么其中的每个人就是一棵大树。对于环境，既然我们改变不了，就应积极地去适应它，而不是逃避或者抱怨。人生苦短，适应的过程也是锻炼自身的过程，更是创造不凡业绩的过程。

1 环境是我们走向成功的载体

工作环境是一个比较大的概念，外延较多，包括影响工作的各种因素，具体有以下几个方面：物理环境，如温度、湿度、噪声、洁净度、粉尘、人体工效等；社会因素，如社会文化、企业文化等；心理因素，如心理健康水平、工作压力、人际关系氛围等。无论哪一种环境都是影响我们工作情绪和效率的基础，有的人不满公司的办公环境，而首选跳槽。事实上，不管跳到哪里，如果不能很好地处理心理因素，同样不能走向成功。

纪伯伦在《先知》中写道："工作就是看得见的爱。"无论他是想说"爱就是工作"还是"工作是爱的表达方式"，这句话都告诉我们，工作及工作的场所是我们生活中很重要的一大部分。在崇尚个性的今天，很多工作场所都与时俱进，出现了一些新型的办公室设计，而且名字也颇为奇特，比如酒店式、热桌面、自由选址、共享分配等。

不过如今的办公环境，最常见的办公环境就是一台电脑，一根网线，抑或一个茶杯，一张桌子，甚至还有一些其他小饰品。当然，良好的办公设施和环境不但能提高工作效率，还能确保我们的健康，使我们即使在较大压力下也能保持健康平衡，保持心情舒畅，充分发挥才能和想象力。由此可以说，良好的工作环境，是我们走向成功的载体。

花旗集团的"环境"多年来一直被人们所称赞。这是由于它们不仅关注员工的兴趣以及增强员工的专业成长，还会成立形形色色的员工组织与网络，分别聚焦在各自不同的领域，如青年组织、女性组织、工作父母组织等。

"自豪花旗"是花旗集团的第一个员工网络组织。主要目标是营造一种遍及花旗集团的包容性、尊重的环境，让员工感到在这里很舒适。这一组织会经常组织各种相关活动，如与花旗的全球多样化办公室联合，在纽约组织了一个"自豪"月项目等。

这些活动吸引更多优秀的人才汇集而来，同时还增加了员工的忠诚度，提高了生产效率。

“工作父母网络”是花旗集团的一个崭新的员工组织。其宗旨是与员工分享信息，并为他们更好地平衡工作与家庭生活提供支持。每个月，“工作父母网络”都会举行活动或会议。在各种活动上，员工聆听演讲者的演讲，题目范围从为上大学储蓄，到如何挑选适当的儿童看护服务，无所不包，完全以满足员工需要为宗旨。

“C—女人”是一个创建于花旗私人银行的组织，主要目的是通过网络化、领导力技巧论坛，为所有级别的人提供鼓励、辅导等措施，形式十分灵活。这一组织里拥有很多的主要发言人，许多花旗集团成功的职业女性经常会与该组织分享她们的职业生涯经历。

在花旗，每年都有几个月被指定为传统月，以此来答谢各种组织的成就。这就是“传统月”。这以组织形式多样，团结和鼓励了很多员工。

最后不得不说的是花旗的工作氛围，尤其重要的是，员工们之间都形成了一种相互忠诚的态度。如果哪位员工的忠诚度比较高，还将得到花旗频繁的培训与提升，给予海外发展的机会，这更加增加了员工们的忠诚度。

总之，花旗凭借着领先的管理方式，快速的更新速度，一直享誉业界。虽然花旗在同行业中的收入不是最高（中等偏上），但其优秀的培训体系，公正而高效的激励机制，良好的企业文化氛围，以及始终都在创新的精神，无可比拟的学习环境，让员工认识到总在不停的学习到新知识，因此，几乎很少有人主动辞职离去的。不仅如此，正是与众不同的工作环境，花旗培养了一大批优秀的人才，如香港财政司原司长梁锦松曾在花旗银行工作了21年之久；巴基斯坦财政部长、比利时财政部长、菲律宾中央

银行行长等许多人士也都曾经是花旗集团的员工!

环境实际上就是全体员工生存和发展的平台,离开这个平台,只能空有才华,无法施展。积极的工作氛围可以使我们在轻松愉快的环境中得到发展,可以使团队成员彼此之间相互信任,为共同的目标而奋斗。在这样的氛围下,团队的创造性和潜能可以完全得到激发,效率自然会上升。相反,如果是不好的工作氛围,同事之间关系冷漠,上下级之间缺乏沟通和信任,部门之间互相推卸责任,则很容易导致组织的内耗,使组织目标无法实现。

同样,读者文摘公司的工作环境也是值得一说的。

读者文摘公司是一家以摘登各种报刊文章的刊物类出版公司,其总部设在纽约市读者文摘路,可见其影响力之大。在这里工作的员工,享受着这样的工作环境:

读者文摘总部是一座乔治亚式的建筑,看起来像是博物馆或是宫廷。走进大门,你会以为这是一座博物馆。室内走廊和办公室墙上都挂满了名家的画、办公室里也陈设了古典优雅的木头桌椅,这里绝不像是一个经常面对截稿时间压力的地方。

在总部的北边,有一片菜园,员工可以申请自己的土地种植蔬果。读者文摘除了免费提供土地、农具和肥料之外,冬季还会为这些蔬果盖上防寒护套。

在总部里,可能只有在午餐时间,才能听到自助餐厅传来的一些噪音。这个自助餐厅经重新设计过,阳光充足、气氛良好、员工可以用较少的花费,就吃到分量充足的美食。

而且,公司还设有保龄球队、棒球队、排球队和篮球队(男女队都有);此外,还有合唱团,每周二下午 4:15 到 5:30 练唱,并且随时到医院、育幼院、养老院和特别场合表演……

也许,正是这样如此舒适的环境,员工们都十分的敬业,让读者文摘越来越为人知晓。的确,如今,读者文摘公司的刊物年销售额非常大,发行量每期为 2700 万份,全球有 1 亿甚至更多的读者。

可见,环境于我们是十分的重要,不仅能让自己接近、走向成功之路,还能让自己的潜能充分地发挥,提高自己的工作能力,实现自己更大的价值,为公司、个人作出更大的贡献。

每个公司都有自己不同的情况,当然就会有不同的工作环境和氛围,总之,不管环境如何,都要积极、努力适应。因为不管环境是好是坏,都是我们实现理想、人生价值的平台,更是我们一步步走向成功的载体。

2 环境影响命运

环境影响人的命运,不论是生活环境还是工作环境。一个人能否在工作上取得成绩,和其所在环境中人的文化程度、习惯等有着极大地关系。有这样一个故事:

一天,一位禅师为了启发他的徒弟,给了他一块很美丽的石头,让他去蔬菜市场试着卖掉。

师父说:"不要真卖掉,只是试着卖掉它。注意观察,多问一些人,然后只要告诉我,在蔬菜市场它能卖多少钱。"徒弟去了。

在菜市场,许多人看着石头想:可把它当做很好的小摆件或者给孩子玩,还可以把它当做称菜用的秤砣。于是他们出了价,但只不过几个小硬币。于是徒弟回来说:"它最多只能卖几个硬币。"

师父说:"现在你去黄金市场,问问那儿的人。但是不要卖掉,只问问价。"从黄金市场回来,徒弟很高兴,说:"这些人太棒了。他们乐意出到 1000 块钱。"

师父说:"现在你去珠宝商那儿,但不要卖掉它。"

到了珠宝商那儿,他简直不敢相信,他们竟然乐意出 5 万块钱,他不愿卖,他们继续抬高价格——甚至到了 10 万。但是徒弟说："我不打算卖掉它。"

他们说："我们出 20 万、30 万，或者你要多少就多少，只要你卖！"

徒弟一边说："我不能卖，我只是问问价。"又一边想：这些人真是疯了！他自己觉得蔬菜市场的价已经足够了。

回来后，他把情况如实给师父说了。师父听后拿回石头对他说："我们不打算卖掉它，只是要向你说明这样一个道理：为什么同样的一个石头在不同的地方就会有不同的价值。关键是它所处的环境不同，正是不同的环境，决定了它不同的身价。人也是一样，你把自己放在什么环境中，就影响着你实现自身的价值啊。"

是啊，处在不同的环境，其命运就会发生大的转折。工作中的我们又何尝不是如此呢，要想不断提高自己的判断力和理解力，不仅需要在各方面进行刻苦历练，而且还需要学会利用环境、珍惜环境，借助工作环境这一平台不断提高自己的能力。

有关调查结果表明，企业内部生产率最高的群体，不是薪金丰厚的员工，而是对工作环境满意的人。工作环境满意了，心情就会随之变得愉快而积极。相反，对工作环境不满意，则会使人内心充满抵触，从而严重影响工作效率，甚至会影响到自己的职业生涯。

在工作中，总会遇到各样的烦琐事儿，也会遇到各色各样的人，面对这样一个环境，尤其是职场新人，需要我们做好心理准备，调整好自己的状态。以免陷入无尽的烦恼中影响自己的职业前途。

小瑾和小波都是职场新人，他们不同的性格带给他们同样的烦恼。如今，都是刚满试用期的三个月，却要再一次换工作了。

可以说，小瑾是个传统意义上的好学生，在上课方面花费了大部分的时间和精力。但是过于狭窄的视野使她内心充满了自卑，不仅不爱发言，也不爱提问，生怕自己不如别人，更怕别人发现这一点，总是缺乏表达自己意愿的动力和勇气。尤其是在她认为比较优秀和权威的人面前，小瑾更是不敢说话，以免“露怯”。时间长了，部门遇到什么事情，都没人找她商量，即使开会，领导也很少征求她的意见。小瑾觉得自己像空气一样无用，内心被压抑着，十分的憋屈。

而小波，在大学时代曾经书生意气，在校园网上叱咤风云，甚至被无数“粉丝”当成意见领袖，这无疑强化了他遇到什么问题就发表自己观点的行为习惯。一次，他在内部企业网上看到一位同事写的业务讨论帖，于是，在不了解企业组织构架和业务流程的情况下，他写了一篇很长的回复，详细阐明了业务部门和支持部门之间“应该”的关系，观点针锋相对，措辞也比较犀利，内容甚至还涉及了公司好几个部门。

直到公司领导找他谈话，他才意识到自己的所作所为已经严重扰乱了整体秩序，成为一个不和谐、不安定的因素。

后来，小瑾因觉得工作环境过于压抑而辞职了。而小波，由于领导的谈话使他觉得公司言论不太自由，而且觉得在这样的环境中工作会埋没自己的才能，最后也不得不以跳槽告终。

其实，在不少员工身上，我们都会看到小瑾的影子：怕说错话丢脸，在前辈面前丢面子挨骂，于是选择逃避和尽量不说话的应对方式。短期看来，这可能确实是初期一种不错的自保方式。但时间长了，这种状态会让自己变成职场隐形人，就必然会使自己感到压抑。对过于张扬的小波来说，过早地“锋芒毕露”，暴露了他不谙职场规则的弱点，也因此给他带来了一些负面影响。

每个公司都有自己约定俗成的环境，你若刻意地去打破，无疑是鸡蛋碰石头，充当别人的炮灰。其实，小瑾的问题出在自我价值感低上，如果能够在适当的时候，适当地发表自己的意见，表达自己的看法，明确地告诉自己，现在是“二次学习”的过程，以积极乐观的态度虚心地向周围所有的人学习，不断地提高自己的业务水平和表达能力，同时接受自信心培训来提升自我价值感，就不会出现别人视其为空气的结果。而小波，如果能适应公司环境，重新规划一下自己的职业生涯，同时进行人际沟通训练，就能以更加理智和积极的态度面对自己、面对职场。

3 平凡的环境，也能造就不平凡的业绩

据“办公室健康大型调查”显示，在 6012 名被调查者中，仅有不到 25％的人认为，自己办公室的环境属于“好”和“比较好”的级别，选择“一般”、“比较差”、“非常差”的分别占到 44.71％、20.23％和 12.34％。总体来说，满意度处于较低水平。

其实，环境固然重要，但若一味地将眼睛盯在上面，则会得不偿失，让自己付出不必要的代价。要知道，有时即使看起来不起眼的环境也能实现自己的价值，创造不菲的业绩。

新中国成立以来感动中国人物之一王顺友，是四川省凉山彝族自治州木里藏族自治县“马班邮路”投递员。他默默坚守在平凡甚至艰苦的环境中，全心全意做着自己的工作。而这一干，就是 20 年。

20 年来，一个人、一匹马、一条路。跋山涉水、风餐露宿，按班准时地把一封封信件、一本本杂志、一张张报纸准确无误地送到每个用户手中；20 年，他一路奔波不喊累不叫苦，战胜孤独和寂寞，将党和政府的温暖、时代发展的声音和外面世界的变迁不断地传送到雪域高原的村村寨寨，把党和各族群众的心紧紧地连在了一起……

四川木里藏族自治县地处青藏高原东南缘，这里高山绵延起伏，全县海拔在5000 米以上的大山有 20 多座，平均海拔 3100 米，生活和工作条件十分艰苦。王顺友负责的邮路从木里县城

经白碉乡、三桷桠乡和倮波乡至卡拉乡，往返里程584公里。1999年，王顺友开始负责县城至白碉乡、三桷桠乡、倮波乡三个乡邮件的投递工作，这条邮路往返360公里，他每月两个邮班，一个邮班来回14天，就是说，他每月有28天要徒步跋涉在这苍茫大山中的邮路上。他经常去的地方气候十分不稳定，不是高温酷暑，就是冰冷如霜。从海拔近5000米到近1000米，气温从摄氏零下十几度到近摄氏四十度。有时翻过一座山气温可能又高达摄氏四十多度，酷热难耐。

在这条路上，没人能和王顺友比速度，他顽强无比；在这条路上，没人能替他分担这近乎残酷的艰苦，他一肩挑、一人扛；在这条路上，更没人能和他比乐观，他苦中作乐，以苦为乐。

1988年7月的一天，王顺友送倮波乡的邮件来到雅砻江边，他把溜索捆在腰上向雅砻江对岸滑过去。不料，快到对岸时，溜索上的绳子突然裂断，王顺友从两米多高的空中摔在河滩上，邮件包从背上弹落在滔滔的雅砻江中顺江漂去。王顺友"呼"地一下从河滩上爬起来，抓起一根树枝跳进湍急奔流的江中打捞邮件，几经搏斗，王顺友硬是从汹涌的江水中把邮件包抢了上来。此时，王顺友累得瘫倒在河滩上。可他只休息了一会儿，便又背上邮件向倮波乡艰难地走去。2000年7月，王顺友翻过察尔瓦山，途经树珠林场时，从树林中突然跳出两个抢匪，距他只有两丈远。面对匪徒，王顺友没有胆怯，他以更高的声音正义凛然地喊道："我是邮递员，是给大家送报纸信件的！要钱没有，要命一条！"后来，他凭着自己的智慧逃了一劫……

这样的事例还有很多，然而正是凭着这种极端负责的工作态度，20年来，王顺友没有延误过一个班期，没有丢失过一个邮件，没有丢失过一份报刊，投递准确率达到100%，为中国邮政的优质服务作出了最好的诠释。2001年，他被四川省邮政局评为四川省邮政劳动模范；2001年5月1日，成为全国"五一劳动”奖章获得者;2005 年 4 月,中共四川省委授予王顺友同志四川省优秀共产党员称号,国家邮政局授予王顺友同志全国邮政劳动模范称号;2005 年 5 月 1 日,中华全国总工会授予王顺友同志全国劳动模范称号……

没有豪言壮语,没有惊天动地的壮举,正是看似一桩桩的小事,成就了这样一件大事。王顺友的工作环境可谓太过平凡,但是他却能做出如此感动人们的事情来。一个坚守在岗位上、不管环境如何的恶劣、依然十几年如一日地对待工作的人,终会获得成功。

一些工作看起来很平凡,环境也十分差,甚至无法得到社会的承认,但是有用才是伟大的真正尺度。不管环境如何,通过自身的努力,在平凡的工作中找到自己的位置,发现自己的价值,就能创造出不凡的业绩来。

因此,不要为目前的工作环境斤斤计较,甚至为此跳槽,这实在不是一个高明的做法。与其这样,不如在现有的岗位上做出更佳的业绩来。

4 同样的环境,为何会有不同的人生

在我们身边,常见这样一种现象:同一个公司的员工,在相同的工作环境下却走出了不一样的职业轨迹。有的人成为上司器重的人,委以高职高薪;而有的人却碌碌无为,得过且过。是环境所致吗?

我们也常见这样的现象:同一块田里的庄稼,每天接受阳光照射的时间相等,给它们浇同样多的水,施同样多的肥,但到最后它们的果实却大小不一,甚至有的压根就没结果实。是环境所致吗?

让我们来看下面的例子:

一个温暖的冬日,彼得正在和他的伙伴们在铁路的工地上干活,此时,突然遇到前来视察工作的上级韦伯斯。

只见彼得和韦伯斯热情地交谈了起来:

“嗨,你最近还好吗?”

“最近天气不错啊!”

……

彼得周围的同伴十分吃惊,因为他们发现彼得和韦伯斯交谈甚欢,完全不像是上下级关系的人。而且,韦伯斯是铁路公司的总裁!

过了不久,韦伯斯视察完毕后离开了。于是同伴们追问彼得是怎么回事。

然后彼得就跟他们解释说,他们以前是伙伴,同在铁路工地上干活。

“但为什么他现在是总裁,而你还在依然是普通的工地工人呢?”伙伴们依然不解地追问。

只见彼得有些尴尬地说:“当时,我整天埋怨在这里干活十分辛苦,环境艰苦,而且没有很高的薪水,于是工作起来就没有动力和激情。而韦伯斯,他是在为这条铁路工作,事实证明,他是正确的。”

有时候,导致我们失败的并不是我们的能力,也不是我们所处的环境,而是我们所持的态度。同一份工作,积极进取的员工能够从中学到经验,提升自己的能力,为自己的个人成长积累更多的资本。相反,那些得过且过的员工则会一无所获。在态度上输给别人的人,必定要在工作上继续败给对方。

丽莎和恩雅共同毕业于一所大学,学的都是中文专业,两人的关系也十分不错。由于是闺中密友,她们决定在一家公司工作。结果,她们如愿以偿,进了同一家公司。

但是唯一令丽莎不满的是,尽管是个大型公司,但是办公设备却十分普通,尤其是分给她的那台电脑竟然还是台式的,这还不如自己家里的液晶电脑呢。于是打上班的第一天起,丽莎就总是嘟着嘴,一副闷闷不乐的样子。而恩雅则不然,她认为,公司的办公环境之所以不是那么的先进,但是节约的精神十分不错，况且给员工的薪水也不低，总之，她认认真真做着自己的事情。

一次，为了迎接上级检查，主管让丽莎马上将一份文件录入好，然后打印几份出来。只见丽莎十分不满地接过文件，转过身后还嘟囔着说，机器那么老了，总是死机，而且网速慢得要死，还催那么急……这一切，都被主管看在眼里。

后来，恩雅看到丽莎这么的不开心，就接过文件替丽莎做了。

过了一段时间，公司需提拔一个人到宣传科做负责人助理，于是主管就把恩雅提名了，而同样学中文的丽莎这次却没有被提名。尽管后来公司换了办公电脑，但丽莎一直还在原来位置上做些零碎的工作，而恩雅一步步走上了领导层。

别让环境挡住了我们的视野，办公环境的好坏不能左右我们的命运。如果你真的忍受不了办公环境的陈旧，那么可以团结周围的同事，融入他们之中，感受集体的力量，或者化这种不满为努力工作，踏踏实实、认认真真做好当下的工作，这样就能一路高歌，笑到最后。

所以说，一个人命运的好坏、事业的成败，不在乎所处环境的好坏，条件的优劣，或是地位的尊卑；而应知道如何利用、把握好自己所处的环境，如何选择、决定前面的路。因为任何环境与条件都是两面性的，利用好了它会成为你的登天阶梯；利用不好就是自己的绊脚石。

5 既然改变不了环境，就极力适应它

有这样一段话，令人深省：**你改变不了环境，但可以改变自己；改变不了事实，但可以改变态度；你改变不了过去，但可以改变现在；你不能控制他人，但可以掌握自己；你不能预知明天，但可以把握今天；你不能样样顺利，但可以事事尽心；你不能左右天气，但可以改变心情；你不能选择容**

貌，但可以展现笑容。

这就告诉我们，有时有些事情是很难去改变的，包括环境。与其苦苦将其改变，不如学着去适应它。事实上，适应的过程就是改变自己的过程，如改变自己的思维模式、行为模式、观念、说话的方式和语气以及改变自己所交的人群等。但是现实生活中的我们，常常感到周围环境不尽如人意：人与人之间的相互倾轧，工作压力太大，报酬太低……面对这种种烦恼，要知道改变它们是很困难的，只有我们通过改变自己来适应环境的方式来解决。

有位刚上班不久的女孩向自己的父亲诉苦，倾诉着生活对自己是如何的不公：在学校，自己一直是老师和同学羡慕的对象，但是不知为什么，在工作中却总不习惯周围的工作环境，如今都已经换了两份工作了，但自己还是不能适应。她曾想去改变，但是结果很惨。总之，她觉得自己开始厌倦了，不知如何是好。

女孩的父亲是个厨师，他先是把她带到厨房。然后往三口锅里倒入一些水，接着再放在旺火上。

一会儿，水开了。他往第一口锅里放一些胡萝卜，第二口锅里放入鸡蛋，最后一口锅里放入碾成粉状的咖啡豆。女孩咂咂嘴，不知道父亲在做什么。

又过了20分钟，父亲把火关了，分别把胡萝卜捞出来，放入一个碗内；把鸡蛋捞出来，放入另一个碗内；然后把咖啡舀到一个杯子里。

此时，父亲转身问女儿："孩子，你看见了什么？"

"胡萝卜、鸡蛋、咖啡。"女孩立刻回答说。

父亲又让她靠近一些，摸摸胡萝卜。她注意到它们变软了，但是依然不明白父亲到底在做什么。

此时，父亲又让女儿拿一鸡蛋，打破它，剥掉壳，这是一个煮熟的鸡蛋。

最后，父亲让她喝了一口咖啡。尝到香浓的咖啡，女儿笑了，禁不住怯声问道："父亲，这意味着什么？"

父亲点拨她说：三样东西面临的是同样的逆境——煮沸的开水，但其反应各不相同。胡萝卜入锅前是强壮的、结实的，放进开水，它变软了、变弱了；鸡蛋原来是易碎的，薄薄的外壳保护着液态的内脏。开水一煮，内脏变硬；粉状咖啡豆则很独特，进入沸水，它们倒改变了水。在艰难和逆境前，不妨学学咖啡豆，让自己变得更坚强——甚至，可以改变境况。如果改变不了，那么可以学胡萝卜、鸡蛋，可以屈服，甚至改变自己！

女孩听后，若有所思地点了点头。过了不久，分明看到了她脸上灿烂的微笑。

路还是原来的路，境遇还是原来的境遇，只是我们的选择灵活了，态度变了，路和境遇所给予我们的感受也就截然不同了。对于周围的环境，如果我们不能将它们改变，那么就试着适应它们，将现实中令人不满意的成分降低到最低限度。

苏珊是被家人宠大的"80后"，眼下她却遇到了问题。原来，苏珊有个爱睡懒觉的习惯，就是在以前上学时也爱睡，如果哪天碰上早晨没课，她能睡到吃午饭还都不醒。但是，她去的公司都是8点半或者9点上班。因此，苏珊不得不频繁地换工作。到最后，她干脆在家待着不上班了。

在苏珊的意识里，如果公司能够施行"弹性工作制"该多好，那样的话，她早上就可多睡一会儿，避过早高峰，10点钟去上班；晚上8点钟左右回家，避过晚高峰。只要能够保证一天8个小时的工作时间就可以了，干吗非得朝九晚五地那么教条呢！总之，她决定非找这样的单位不可。

又两个月过去了，眼看同学都在自己的岗位上做得风生水起，自己依然像只慵懒的小猫，这让苏珊多少有些自卑。而自己先前的决定也越来越离谱，因为她发现实行"弹性工作制"的公司真的很少，即使偶尔有一两家，所招的职位也不适合自己。总之，苏珊有些失落。

过了一段时间，苏珊遇到了自己的同学张曼，她们曾是很亲密的好朋友，但是自从上班后，两人联系就少了。于是，两人见面不久就自然地聊到了工作。

得知苏珊抱着这样的工作想法后，张曼对她说："有时候，可供我们选择的很少的，尤其是在刚毕业，没工作经验的时候，想要找一份事事合乎自己心愿的工作更是难上加难。其实，只要你学着改变自己一点点，你就会发现其中的乐趣。再说了，你难道要一辈子都要这样过下去啊，你以前不是挺有抱负的嘛。爱睡懒觉可是阻挡抱负实现的大石块哦！"

张曼无意间的一句话让苏珊犹如醍醐灌顶，立刻清醒过来了。

过了一周，苏珊就走上了新的工作岗位。每天她都早早睡觉，再也不把自己泡在游戏中了；而且还预备了三次闹钟，第一次起不来，就等着第二次，当第三次闹钟响起的时候，必须要起来。同时她还跟自己订了目标，如果自己这个月每天都能按时起床，没有迟到，那么在月末发工资的那天奖励自己想要的东西。

还别说，这招还挺管用，从那以后，苏珊再也不是个"懒虫"了，她告诫自己一定要克服掉以前的坏毛病，让自己适应和大家一样的生活。于是，她会每天早起，然后和大家一起挤公交车，一起匆忙吃早餐，她觉得这样的日子是十分快乐而有趣的。不仅如此，她再也不觉得工作是件头疼的苦差了，而且在岗位上越做越好，工资也一路飙升。

有人说，**伟人改变环境，能人利用环境，凡人适应环境，庸人不适应环境。**这话是有一定道理的。有人问亿万富翁洛克菲勒："洛克菲勒先生，假使你的财富一晚上化为乌有，您会怎么办？"洛克菲勒自信地笑着说：

“给我 10 年的时间，照样再造一个洛克菲勒帝国！”这说明，要改变自我，适应环境，首先必须像洛克菲勒先生一样相信自己。一个一心朝着自己目标前进的人，整个世界都会为他让路，相信自己能行，便会攻无不克。如果我们自己都不相信自己，又还会有谁能相信自己呢？

不仅如此，要想改变自己，适应环境，还要提升自己的工作能力。既然选择了目前的工作，就要明白自己欠缺的是什么，应从哪些方面提高自己的能力等。如果需要在电脑、英语方面提高，那就去充电；如果自己是优柔寡断的性格，那就锻炼自己的心理素质；如果你是广告营销人员，但天性拘谨，那就去参加各种沙龙活动……总之，最有效的方法，就是观察优秀的同事、朋友，从他们身上你可以悟出自己的差距。

另外，给自己一个新的形象，看似无关紧要，实则是改变自己，适应环境的重要因素。如加快走路速度，面带微笑，在走廊与旁人热情地打招呼等，这些都是建立新形象的开始。这样，周围的人一定会喜欢你，同事也会对你刮目相看，给你重新定位，你周围的环境也会因此而得到改善。

6 适应环境，从维护它开始

我们已经知道，环境的范围比较宽泛，既包括我们的日常办公环境，也包括工作的氛围。良好的办公环境能让我们心平气和、全神贯注地工作，而良好的工作氛围则是在员工对自身工作满意的基础上，与同事、上司之间关系相处融洽，互相认可，有集体认同感、充分发挥团队合作，共同达成工作目标、在工作中共同实现人生价值的氛围。任何一个职场人都希望自己所处的环境能够顺乎心意，但多数情况下却不是如此。

当自身期望和实际情况不能吻合的时候，一系列的坏情绪就会造访我们，让我们手足无措。出现这种情况的时候，除了我们上节讲到的要尽量适应外，还要学会提前预防，以及平时加以维护。因为有些事情适应起来是很困难的，况且，盲目、一味地适应并不是最好的解决办法。所以，维护环境，要提前做起，从自身做起。

陈君是一家公司的职员，她对公司各方面的情况还是比较满意，唯独一点感到不习惯的是，她的座位旁边就是复印机、打印机、扫描仪等公共办公用品。几乎每天都有人过来复印、扫描东西，那种响声听了真的感到不舒服。好几次，陈君都想找主管给调下位置，但是担心自己刚来不多久，还是少给别人一些坏印象，于是只能忍着。

有一天，同部门的小张过来复印资料，这次不同寻常，小张复印了好久还没复印完。一旁的陈君心里早就急开了，简直就想再次辞职算了。但是，她装作去洗手间的空儿让自己平静了下，然后等情绪稳定后才走回去。

到了位置上后，陈君觉得复印机的响声似乎有些异常。于是，等小张用完后，她就过去检查了下。经检查她才发现，复印机之所以发出响声，是由于出纸的那个地方有一些小纸屑样的异物，就是这些小东西使定影组件在转动的过程中出现了不畅。发现问题的陈君心中一阵释然。

等下班后，陈君将复印机里的异物清除掉，然后又擦拭了一遍，最后又给予了全面的养护。而且她从网上还得知，复印机应在平时多进行一下保养。于是就经常给它进行除尘、除炭粉，还给齿轮上加点油等。而且，她还经常查看纸张、墨盒是不是用完了，如果用完了就及时更换，以方便大家的工作。

不仅如此，陈君从此还注意周围的环境，如早晨早来，然后打开窗户通风、把饮水机打开、如果地上有纸屑等赃物，就及时清理等。然后，等大家都到了，开始认真工作的时候，陈君心里有丝小小的自豪感。

年终评选到了，令陈君万万没想到的是，部门里的同事对她的评价都很好，因此她受到了公司年度的嘉奖。后来，陈君才得知，自己之所以能够拥有这次受嘉奖的机会，和自己平时对周围

环境的维护和关爱有着极大的联系！

办公室是大家共同的环境，环境的好坏依赖每一个人的营造。一个令人愉快的工作环境是高效率工作的一个很重要的影响因素，而且对提高自己的工作积极性起着不可忽视的作用。要想一直保持这种环境，就要不断地对其进行养护。

在平时，维护环境还要注意尊重他人的私人空间，因为工作氛围是一个看不见、摸不到的东西，它是在自己与同事之间进行不断交流和互动中逐渐形成的，没有人与人之间的互动，氛围也就无从谈起。所以，要想形成好的工作氛围就要尊重他人，建立良好的氛围场所。尽管大家在同一家公司同一个部门，但并不意味着办公室所有的地方都是两个人公有的，比如办公桌、椅子、电脑等，就不能随意地使用。办公室里的私人空间是十分有限、十分宝贵的，互相尊重就显得尤为重要。

如果找某位同事，而他恰好不在，你在等待的同时不能翻阅同事的私人物品，查看使用电脑、拆看私人信件或是翻看文件、名片盒、抽屉等，这些都是很不礼貌的行为。当主人不在时，尽量不要在其办公室里作长时间逗留，留下一个字条，请对方回来后联系你是比较妥当的做法。

如果是需要使用对方的物品时，也要征询一下对方的意见，比如“我想用一下你的电脑，我的电脑又死机了，这个文件很着急”。获得对方许可后再使用。即便对方的电脑正在空闲，也不能自作主张使用，因为电脑里也许有一些对方的私人信息和打开的文件，征询的目的是为了得到允许，同时也是提醒对方关闭打开的文件及一些信息。

总之，环境于我们是十分重要的，不要在工作环境影响到心情的时候，而做出跳槽这一不理智的决定，而应在平时多多维护，这样才能常用常新。当然，维护的不光是办公用品，与同事的人际关系同样也要时时维护，以此让大家处于一种其乐融融的氛围当中。

7 成功，就是不断优化环境的过程

有这样一段话："去找那些会鼓励你的人，而非那些浇冷水、扯后腿的人。去待在一个有人会鼓励的你的地方，挑战你往更高层次提升的地方。"这说明了一个人的命运如何和自己的选择有着极大的关系，不管是环境还是别的。

环境，是一个人成长甚至成功的平台，在这个平台上，工作中的所有困难都是增加自己资历的砝码。

索尼公司曾出现过这样一件事情：

东京帝国大学的毕业生在索尼公司一直非常受欢迎。其中有个叫大贺典雄的帝国大学高材生，是一位有才华的青年。他加入索尼公司之后曾多次与创始人盛田昭夫争论，似乎有些不可一世。

出人意料的是，盛田昭夫竟然十分欣赏这个直言无忌的年轻人，甚至非常器重他。更让人感到意外的是，后来不久，盛田昭夫居然把大贺典雄下放到了生产一线，给一位普通工人当学徒。这让很多员工迷惑不解，甚至怀疑他得罪了盛田昭夫。要知道，对一个高材生来说，给普通工人当学徒，而且在那种工作环境下，简直就是在侮辱自己。也有些人替大贺典雄感到不平，但大贺典雄只是淡然一笑。

一年过去了，更让人大跌眼镜的事情发生了，还是学徒工的大贺典雄居然被直接提拔为专业产品总经理！员工们百思不得其解。

在一次员工大会上，盛田昭夫终于为大家揭开了谜团：原来，盛田昭夫之所以把大贺典雄安排到那样一个工作环境，不是出于私心报复，而是故意考察他。因为大贺典雄有相当的才学，但还缺少一定的实践机会。而且，大贺典雄在那样的工作环境下不仅没有感到不公平，甚至还勤奋好学、与周围同事相处良好。有时他的建议总是充满创新，让人不容拒绝。总之，正是他那在艰苦的工作环境中，不但没有任何不满情绪，而且始终保持甘之若饴的态度，让他一步步接近成功。5年后，也就是在他34岁那年，大贺典雄成为了公司董事会的一员！要知道，这在因循守旧的日本企业，简直是前所未闻的奇迹。

如果一个人对自己目前的环境不满意，唯一的办法，是让自己战胜环境、超越环境。因为任何一个人的成功，都不是一蹴而就的，而是一点点积累起来的，是一步步优化环境的过程。

良好的工作氛围十分重要，因为它不仅能激发自己的干劲儿，还能让自己一直保持持续发展的不竭动力，实现自己更大的价值。一个不断优化身边环境的人，必能一步步走向成功。

杰克·韦尔奇是通用电气公司的总裁，他清楚地记得，在刚来到通用电气时，有数十个总经理组成的团队中，没有一个是他提拔的。因此要让这些经理们一下子接受他的想法，肯定是十分难的。

面对这样的环境，杰克·韦尔奇并没畏惧，而是想办法优化环境，让自己的处境更好一些。由于他很爱演讲，因此他每到一个分部出差，总会抽出一个晚上的时间，给分公司的员工讲话，除了讲专业知识外，还告诉他们如何看待他们的职业生涯，同时还教他们如何提升自己的自信心……这样做的最终结果是，每次下属听完他的讲话，就会产生一种亲近感，与其交谈，交流想法。久而久之，他们就熟识起来，当然也有利于以后工作的展开了。

当然，死气沉沉的工作环境，无疑会抑制我们工作积极性的发挥，同时，还会抑制我们走向成功的脚步。因此要优化我们身边的环境，须努力做到以下几点：

1. **认同你的工作环境。**我们不妨让自己离开座位，偶尔到外面走一走、看一看，多加思考，也许再回到工作上来的时候就有了兴趣。

2. **专心工作。**不管多单纯的工作，多简陋的工作环境，只要自己耐下心去做，兴趣自然就会产生。

3. **对目前的状况加以分析。**经分析后你会得知，无论多么不好的工作环境，其实都会由好多种要素构成，这也会让你不由得对这种复杂性大感惊叹。事实上，只要我们认真分析每一件事情，都能得到改善的启示。

4. **改变工作气氛。**在允许的情况下，可更改办公桌位置，工作场所或房间布置，使气氛焕然一新。

无论使用何种方法，要使环境得到彻底的优化并非易事，而应激起自身的工作劲头，努力让自己由对环境的“厌”变为“乐”，同时多加思考，才能让身边环境得到改善，也才能不断实现自身的价值。

第六章 不是怀才不遇，是努力的程度不够

如今，因“怀才不遇”而换工作的情况越来越多。出现这种情况有两种原因：一是“千里马常有而伯乐不常有”，即真正的缺少伯乐；另一原因是自我膨胀，高估了自己的能力。有时候并非伯乐不常在，而是我们的努力程度不够。

面对这样的情况，一是要做自己的伯乐，相信是金子在哪里都会发光；二是要找出自己能力欠缺之处，努力去填补。机会总是偏爱那些有准备的人，总有一天，你会在现有的工作岗位上做出属于自己的成绩来。

1 你真的很有才吗

工作中，有些人心里总是似明似暗、隐隐约约地有一种"怀才不遇"的感觉，似乎王勃的"冯唐易老，李广难封"这句话就是为自己鸣不平的，"明珠暗投"就是专门用来形容自己的。总之，他们时常觉得自己是被埋没的人才。那么，这里要问问你：你真的很有才吗？

马路上，两位富翁碰面了，他们相互寒暄一阵后，就相互抱怨起自己佣人的蠢笨来。

一位说："我家的佣人真是个蠢材，不相信的话，可以给你试试。"

然后，他就把仆人威廉叫了过来，对他说："这里有1000块钱，到罗浮宫去，给我把'蒙娜丽莎的微笑'买回来！"

威廉回答："好的，主人。我马上就去。"随即转身离去。

富翁对着他的朋友说："你看到他有多笨了吧！"

另一个富翁也不甘示弱地说："那没有什么，你要看蠢货，我就给你看真正的蠢货。"

接着，他就把他的管家大卫叫过来："大卫，回家去看看我在不在家！"

大卫立即回答："好的，主人，我马上就去。"随即跑回家了。

"看到了吧，他根本就不用脑子！想想看，如果我在这里，又怎么可能会在家呢？"

过了一会儿，威廉和大卫碰巧也在路上相遇了。

威廉对大卫说："嘿，你知道吗？我家主人实在是笨透了，他竟然给我1000元钱，叫我去罗浮宫买'蒙娜丽莎的微笑'给他。他不知道今天是星期天吗？罗浮宫根本就没开……"

大卫回答："我家主人比他笨多了。他竟然叫我回家，看他在不在家。他有手机，不会自己打电话回去问啊？”

世上有很多人总以为自己很聪明，殊不知，在别人眼里，他却是多么的愚蠢。所以，如果自己只是人才，就不要把自己当天才；如果只是普通的人，就不要把自己当人才；如果才能有欠缺，就应该努力修补。怀才不遇者，应重新对自己进行审视，这才是找到怀才不遇的原因的第一步。

工作中，总以为凭着自己的想法和能力就能赢得一切，甚至认为自己在公司就是第一聪明的人，最应该做的就是要摆正自己的位置，认清自己周围的环境和自身状态，以让自己的希望更加符合现实。不然会落到很惨的地步：

宙斯打算在森林中挑选一只最漂亮的鸟作为“百鸟之王”。于是就决定在某一天召开一个大会，由他亲自挑选出一只最美丽的鸟做王。

得知这一消息后，所有的鸟都开始精心准备，仔细装扮自己，因为它们都想争夺百鸟之王的宝座。

乌鸦也打算参加选举，可是它知道自己模样丑陋，就想出一个法子来：它找遍了森林和旷野，把从其他鸟翅膀上掉下来的漂亮羽毛都收集了起来。然后为自己编织了一个漂亮的外套披在自己身上。

终于到了群鸟大会那天，乌鸦身上穿戴着各种各样鲜艳的羽毛赶来了，它的美丽令所有的鸟都黯然失色，于是宙斯就准备立乌鸦为百鸟之王。

可是所有的鸟对这一结果都不服气，它们甚至非常气愤，坚决反对立乌鸦为王，并愤怒地冲上去，各自从乌鸦身上拔下自己掉过的羽毛。这样，乌鸦恢复了原样，还是黑乎乎的样子。

一个没有实力的人，如果过多包装自己，终会被人戳破、露出马脚，那种窘境是很难堪的。那些自命为天才的人，当被发现智力平平的时候，也是很丢人的。所以，如果自己真的没才，真的不能单独完成某项任务，就不要掩饰、伪装，保持清醒的头脑，自己了解自己，认清自己的智力和实力，以免耽误工作的进展和整个公司的发展。

怀才不遇的另一种原因，就是眼睛总盯着自己的“才”，而忽视别人的“才”。人贵有自知之明，一个不能正确认识和评价自己，包括自己的优点、缺点、各方面的条件、能力、气质、性格、兴趣等的人，才会时时产生被埋没，无人赏识的感触。

有这么一个故事，说的是，有个人的身前身后各长有一个小包，他总把别人的缺点装在胸前的小包里，而把自己的缺点放在身后的包里，因此他一低头就很容易看见别人的缺点，然而想要看见自己的缺点就显得困难多了。久而久之，他就觉得自己没有缺点，全身优点，满是才情，而别人倒一无是处了。

工作中又何尝不是如此呢，一些人看别人的缺点都看得很清楚，而看自己却好像雾里看花，怎么也看不清楚。这种人其实并没有真正的认识到事实，反而认为自己怀才不遇，从而像祥林嫂般到处发牢骚，吐苦水。

当然，我们不排除一些确实有才情却迟迟得不到赏识的人，这样的人即使一时遇不到伯乐，也能施展自己的才能，拥有自己的一番天地。对于那些无才却偏偏自我安慰地认为自己有才的人，那种虚荣、盲目而又不知深浅的幼稚想法，终将被他人识破、鄙视。因此，当你一产生“怀才不遇”的想法时，就要先从自身找原因，找出出现这种想法的原因，这样才能正确处理“怀才不遇”带来的心理困扰。

2 怀才不遇的心理因素

当下，怀才不遇似乎成了一种流行病，总能在工作之余听人这么说“为公司做了那么多的贡献，却总是与提升的机会失之交臂？”“为什么就没有理解我工作思路的人呢，怀才不遇啊！”……那么，你真的是怀才不遇吗？

当然，怀才不遇会有一些客观因素，如可能遇到体制的限制，或时机不佳，还有的人遇到权力欲和控制欲都很强的上司，把你的工作成绩据为己有，让你无可奈何等。如果说工作就是生意，那么人才就是商品。既然是商品，畅销、滞销、适销都是最正常的现象。老板作为你的顾客，挑剔、不识货都是最自然不过的。这只能说明你这个“新产品”有问题，或者是你努力的程度不够，或者是你的心理因素在作怪。

有句话说“是金子总会发光的”，如果一味地被“埋没”，就可能另有他情。如，有的人为了把责任推卸到别人的身上，而总喜欢给自己戴上“怀才不遇”的帽子；有的人自我膨胀欲太强，高估了自己的能力等。

张景是名校中文系的高材生，毕业后顺利进入一家大型公司做文案。

刚开始时，张景的工作只是给那些老同事帮帮忙，有时会做一些简单的文案。对于这样的工作，时间一长，张景就觉得太没意思了。怎么说自己也是名牌学校毕业的高材生啊，怎么沦落到给人打杂的地步了，张景越想越觉得委屈，压抑心中良久的跳槽想法时不时会跳出脑海。但她还是觉得再等等看，如果还是这样的情况，自己就走人。

一次，公司交给部门一项工作，要求他们尽快做一份初步的文案出来。张景得知这一消息后，觉得自己大显身手的时机到了。尽管这项任务没有交给张景做，但她觉得按自己的思路做出的文案一定大受欢迎。于是，自己回家悄悄地也做了一份。过了两天，她就把它交给部门主管了。

主管看了她的文案后，首先对她的工作的积极性以及文案所体现出来的创意给予了肯定，随后又指出了这份文案的一些缺点。说是这份文案做的是很棒，但是没有可操作性，就像建立在空中的一个楼阁，看似很美，却没有操作价值。如果按这样去操作，还具有一定的风险性。

张景听到这样的消息后，真是怒火中烧。她觉得主管分明是在嫉妒自己的才华，再说别的同事做的未必就能通过。带着不满的情绪，张景直接把自己的文案交给了公司的高层领导。事实上，张景直接越过自己的上级把自己的文案给高层的做法，明显违反了公司内部的制度，而且最终公司的高层意见和主管的意见是一致的。此时的张景觉得，看来在这家公司，自己这匹“千里马”永远不会遇到伯乐的赏识了，于是一怒之下，递交了辞职书。

在办理辞职手续的空儿，张景得知自己部门的一些同事原来都是做文案的高手，其中很多知名的文案都是出自他们之手。尤其是部门的主管，曾任世界知名企业里的文案主管，对文案有着深刻的理解和独到的认识。

此时的张景，百感交集。她知道，如果想要学到真正的文案技巧，自己之前所在部门刚好是一个十分便利的平台，但由于自己的不可一世，高估了自己的能力，才恰恰丢失了这一好机会，真是悔不该当初啊！

任何一个新人，到新的工作岗位上，公司一般都不会委以重任，只有经过一定时间的锻炼，逐渐熟悉和了解这一行业后，才慢慢进入其中。如果张景能够不那么自我膨胀、高估自己能力，不认为自己是“怀才不遇”，结果也不会如此悲惨。尽管每个人都希望得到别人的认可和尊重，但我们绝对不能以自我为中心，应该以一个平常人的身份自居，平等地对待每一个人，学会“轻视自己”，这样才不会把自己看得过高。

“怀才不遇”的另一个心理因素是“强迫性重复”。也就是由于童年时长期生活在一种被忽视的生活环境中，长大后逐渐形成了具有“自恋人格”的特点的人，这类人一方面非常奋发努力，渴望获得承认，另一方面由于缺乏对领导意图的领会能力等原因，难以获得领导的赏识，从而无意中重演了童年被否定被忽视的命运，形成了这样一种心理。

何明两年前辞职后就一直窝在家里，他适应不了工作时单调的内容，以及复杂的人际关系，总觉得自己是匹无人能识的千里马，继续工作只是在埋没人才。于是就频繁地换工作，后来就干脆在家了。但是眼下他面临着巨大的生活压力：上有年过六旬的父母，下有襁褓中的孩子，还有一个和自己年龄相仿的妻子。

为了避免别人的议论，他借口在家搞文学创作。其实，何明是很有才华的，文采风流，还当过多年编辑，但一直没有得到重用。

后来，何明把自己写的东西拿出去找人出版，但是多年未写的他，文字多少还是有些粗糙的，出版人要求他再把文章修缮、润色下再讨论。尽管人家话说的已经很明了，只要修改下也许就能出版，但何明理解成自己的作品又被打入冷宫了。郁郁寡欢的何明从此一蹶不振，文学创作也不搞了。

走投无路的何明，在朋友的指导下找到了心理医生。后来在心理医生的辅导下，他终于明白了自己怀才不遇的根源：他先后经历过三次高考，每次成绩都很不错，但是屡屡没有被录取，因而他感到自己一直得不到命运的垂青。结果形成“强迫性重复”，从而影响了求职心态。

当出现这种心理因素时，要尽力克服心理上的诱因，以消除焦虑情绪，认真配合医生，找出心理因素，以坚强的意志力克服不符合常情的行为和思维。而且，还应不断总结成功的经验，多参加集体性活动及文体活动，从事有理想有兴趣的工作，培养生活中的爱好，以建立新的兴奋点。

另外，顺其自然的态度也十分重要。虽然很多“怀才不遇”者明白这个道理，心里也知道怎么做，可在现实生活中却难以做到，好像自己的行为就是为了让自己继续扮演怀才不遇者似的。因此平时应带着“不安”去做应该做的事，努力学习和对付化解各种压力的积极方法和技巧，增强自信等。

3 与其默默无闻，不如亮出自己

有的人尽管拥有优良的工作态度，好的专业技能，以及认真学习的精神，看似一切工作应有的要素都具备了，但就是迟迟得不到提升。这是为什么呢？

其实，在如今的职场中，适度的张扬已成为自我肯定的手段。把自己的业绩以及为业绩付出的辛苦适当地让他人知道，这既是一种技巧也是一种策略。一味地默默无闻，不仅会让自己觉得有才无人识，而且过于执着、沉迷甚至光做不说，会更加埋没自己的功劳、苦劳以及才识。因此，与其将自己用默默无闻裹起来，倒不如亮出自己，并以此找到自己的“伯乐”。

真真在公司里勤勤恳恳，任劳任怨，谁都说她做事认真负责。三年里，她所在的部门换了三个主管，每个主管都认为她很能干，但是，她的职位却老是在原地徘徊不动，反而是一些新来没多久、资历不如她的人很快就得到了提升，职位高过了她。真真心里的不平衡和怨气可想而知，有时还会有跳槽的冲动。

小茜与真真是同时来到这家公司上班的。两个人学历相似，经验也差不多，同事们也认为她们的能力不分高下。唯一不同的是，小茜知道适时“显摆”自己的功劳，而且这种“显摆”总是在无意间就向同事和领导流露出来，在谈笑风生中，半真半开玩笑当中，在共进午餐中，在同路下班中……

不久，小茜就被提拔为部门主管，成了真真的上司。而真真，依然待在原来的位置上，工资依然如故。真真一方面既羡慕又嫉妒小茜，一方面又对自己的“无能”加以自责。对于工作，换与不换的想法时时冲击着她。

其实这样的事情，每天都在发生，面对这种情况，有人把责任全推到老板身上，认为老板眼光太拙，不会知人善任。最关键的是，你该从自己身上找找原因。在现代职场中，要实现升职并做出更大贡献的理想，只是默默耕耘已经不是最有效的方法了，适当地运用一些“炒作”技巧，尽量释放自己的才能，才可能水到渠成。

作为一名员工，具有勤奋肯干、不畏苦累的工作精神固然重要，但是也要学会会做事、巧做事，勇于表达自己。否则即使有再多的努力，也得不到别人的承认，这样就等于失去了发挥实用价值的权利，无法实现自己的人生价值，更不能实现自己的职业目标。

巴西SCC电视台的著名主持人哈桑·卡蒂罗里奥在成名前，是一名默默无闻的小记者。他每天做的也都是一些记者最基本的工作，采访的新闻也是诸如“生了十胞胎的猫”等事件，可见其工作之单调。这种工作让哈桑几乎失去了希望。

有一天，哈桑到好朋友开的一家酒吧喝酒解闷，刚好遇到酒吧的主持人正用蹩脚的笑话逗大家开心，然而收到的效果并不好。

哈桑随口就对身边的朋友说：“我要是当上主持人，肯定比他说得好。”于是朋友就鼓励他上去试试，哈桑一开始不答应，但禁不住朋友的鼓励，后来就上去了。哈桑用自己含蓄的幽默和富有感染力的表现，赢得了台下所有人的喝彩，甚至连接下来的歌舞节目都被人忘记了。

哈桑觉得自己确实找到了自己发挥优势的平台，但他仍然不能将自己的优势在工作中表现出来。朋友对他说：“我知道你是个天才，可是别人却不知道，因此他们不会用一个看起来十分普通的人。尽管你优秀，但是如果你的优秀不被人了解的话，只能增加自己的痛苦。”

听了朋友的一番鼓励，哈桑终于决定向电视台的台长自荐：要求做一名电视节目主持人。台长对眼前这位年轻人的勇气表示赞赏，但由于对哈桑的表现不是很了解，就让他和一位不出名的女主持人搭档主持一个儿童节目。在后来的主持中，哈桑的天赋逐渐表现出来，得到了观众的认可，领导也对他刮目相看，并将其调到了新闻组。

就这样，哈桑开始了他的主持人之路，同时也开启了通向成功的大门。

卡耐基有这样一句话：**“是的，你很优秀，这很重要；但更重要的是，要让你周围的人知道你有多么优秀。”**如果将工作比作生意，那么你就是自己的产品。要想在竞争激烈的市场中占据一席之地，就必须把自己的产品、服务卖出去。只有走进市场，才能理解市场、把握市场发展形势和变化规律，只有这样才能在市场中得以生存和发展。

“酒香不怕巷子深”的时代已经过去了，一个不懂表现、不懂方法，一味地做辛勤的老黄牛的人，终究会被淘汰。要知道，工作的过程，是体现一个人的能力和价值的关键。机会不是等来的，而是积极主动争取来的。只有学会在合适的时机、场合，通过某种方式让上司注意到你的业绩、赏识你的努力，让更多的人看到你的成绩，认可、肯定你的价值，才能实现自己的职场规划，成就理想人生。如果你以前还没意识到这点，那么从现在开始，一切还都不晚。

4 练就“自我推销”的能力

千里马在泰山的山坡上拉盐车，伯乐遇之为其感到惋惜并垂泪，于是千里马震鬃长鸣，扬眉吐气。因为千里马深知：遇到伯乐，自己的青春必将大放异彩。但现实中，这样的事情毕竟很少，学会用“自我推销”的方式，不能不说是一种方法、一种谋略。

尤其在竞争激烈的今天，光有才华是不够的，还要具备自我推荐的能力，用自身的才华引起老板的重视、同事的欣赏以及等待伯乐的出现。只要具有了推销自我才华的能力，又何愁英雄无用武之地呢？“姜太公钓鱼”以及“三顾茅庐”的典故深为人们熟知，连古人都懂的道理，我们为何不能尝试呢？

工作中总是给自己戴着“怀才不遇”帽子的人，不可排除有这样一个原因：没有给自己定好位，也没有找好自己的用武之地，因此不能让自己充分施展自己的才能，从而产生“不遇伯乐”的想法。对任何人来说，不论你是中层领导，还是普通职员，如果不能找准自己的位置，就很难发挥出自己的能力。反之，则能让自己实现职业规划中质的突变。

1929年，乔·吉拉德出生在美国一个贫民窟。打他记事起，自己就在做零工中度过，他先后做过擦皮鞋、报童、洗碗工、送货员、电炉装配员及至后来的住宅建筑承包商等。他先后换过40多个工作，但仍然一事无成。直至他35岁，他还没有任何一个稳定的工作，更令他伤心的是：朋友一个个都弃他而去，自己还欠了一身的外债，连老婆、孩子的吃喝都成了问题。可以说，他是一个彻底的失败者。

无奈之余，他步入推销生涯，开始卖汽车。刚刚接触推销时，什么都不懂，但是为了养家糊口，他必须十分努力。他曾反复多次对自己说：“你认为自己行就一定能行。”他相信自己一定能做得到，于是以极大的专注和热情投入到推销工作中。

只要碰到人，他就把名片递过去，不管是在街上，还是在店铺，他抓住一切机会，推销公司的新产品，同时也推销自己。三年以后，他将自己推到了全世界——被吉尼斯世界纪录称为“世界最伟大的推销员”。

就是这样一个不被看好，而且还背了一身债务、几乎走投无路的穷光蛋，竟然能够在短短的三年时间内被吉尼斯世界纪录称为“世界最伟大的推销员”，这种奇迹就在于他把自己定位为“做一名销售员”，因为他认为自己更适合、更胜任这项工作。也就是说，他找到了他的用武之地，从而激发出了自己最大的潜能。而且，他在任何时候都把自己的名片递给别人的做法让更多的人了解了他，也让更多的人接受他所推销的汽车，这不能不说是一种“自我推销”的最好方式。要知道,世界范围内的“伯乐”远比自己周围的“伯乐”多得多。

练就“自我推销”的另外一种方式,就是要有足够的勇气。

有一个公司要招聘总裁助理,经过三轮淘汰后,还剩下11个应聘者,最终将留用6人。因此,第四轮总裁亲自面试,将会出现十分“残酷”的场面。可奇怪的是,面试现场出现了12个考生。

总裁问:“谁不是来应聘的?”

坐在最后一排的一个男子站了起来:“先生,我第一轮就被淘汰了,但我想参加最后的面试。”

在场的人都笑了,包括站在门口的老头子。总裁饶有兴趣地问:“你连第一关都过不了,来这儿又有什么意义呢?”

男子说:“因为我掌握了很多财富,我本人也是财富。”

大家又一次笑得很开心,觉得此人不是太狂妄,就是脑子有毛病。

男子接着说:“我只有一个本科学历,一个中级职称,但我有11年的工作经验,曾在18家公司任过职……”

总裁打断他:“你的学历、职称都不算高,工作经验11年倒是很不错,但先后跳槽18家公司,太令人吃惊了。我不欣赏。”

男子说:“先生,我没有跳槽,而是那18家公司先后都倒闭了。”

在场的人第三次笑了。一个考生说:“你真是个倒霉蛋!”

男子也笑了:“相反,我认为这是我的财富!我不倒霉,我只有31岁。”

这时,站在门口的老头子走过来,给总裁倒茶。男子继续说:“我很了解那18家公司,我曾与同事们努力挽救那些公司,虽然不成功,但我从那些公司的错误与失败中学到了许多东西,很多人只是追求成功的经验,而我更有经验避免错误与失败!”

男子离开座位，一边转身一边说："我深知，成功的经验大抵相似，而失败的原因各不相同。与其用11年学习成功的经验，不如用同样的时间去研究错误与失败；别人成功的经历很难成为我们的财富，但别人的失败过程却可以！"

男子就要出门了，忽然又回过头来说："这11年经历的18家公司，培养和锻炼了我对人、对事、对未来的洞察力，举个例子吧，真正的考官不是您，而是这位倒茶的老人。"

全场11个考生哗然，惊愕地盯着倒茶的老头。那老头笑了："很好！你被录取了，因为我想知道，我的表演为何会失败。"

作为一名员工，想要自己得到他人的认可，必须要有足够的勇气，就像例子中的男子一样，不仅具备高度的洞察力，而且还用自己足够的能力和勇气将自己推销给了面试者和那位"倒茶的老者"。

因此，要想让自己得到赏识，不妨广交朋友，让更多的人知道你，这样才能拥有更多的朋友和人力资源。

刘欣曾做过推销工作，这使她知道了结交陌生人的重要性。多年来，她坚持每天给三个客户打电话，不管成功与否。而且，她还想方设法参加各种各样的聚会，在这样的场合，她主动与陌生人谈话、交换名片，而不是只与自己相熟的人在一起。这样，她的社交范围越来越广，也因此认识了很多重要人物，最重要的是她的才能也为他们所了解。后来经朋友推荐，刘欣被很多人看好，于是被挖到了目前这家外企工作。

另外，与领导、同事或者客户交流时，要注意自己的谈吐，如说话的节奏和音调，把说话的节奏加快，你会显得很成熟、较权威和更专业。最好不要把句尾的声调提高，以免让你的自信心打折。同时，当遇到突发事情时，不要有惊慌失措的表现，能够"泰山崩于前而面不改色"才会显出你的大将之风，给他人留个好印象。

总之，一个人不可能面面俱到，每个人都有各自的优点和缺点，因此要认清自身，最大限度地发挥自己的潜力，调动自己身上一切可以调动的积极因素，并把自己的才能发挥得淋漓尽致，那样才能让更多的人认识你、接受你。

5 相信自己，适当“自抬身价”

有的人由于长时间得不到赏识，为了能找到赏识自己的伯乐，不得不频繁地跳槽。然而，跳来跳去，总不能让自己满意。于是就对自己失去了信心，甚至认为自己一无是处，真的没有一点用。

其实不然，我们每个人都有自己的强项，都有变成伟大人物的机会。据科学研究证实，一个正常人大约拥有 1000 亿个脑细胞，但可惜的是，平均这些细胞只有 10％在工作，另外的 90％则都在休息。而且人从出生到去世，只发挥人体潜能的 35％左右，而另外的 65％根本没有得到开发。可以想象，这是多么奢侈的浪费。

所以，不管我们的人生多么不如意，都要对自己充满信心。同样，工作上也是如此，即使工作烦琐复杂，也要坚信自己能够战胜。因为有时候，“自抬身价”会减轻内心的“怀才不遇”感。否则可能酿成恶果。

松下公司打算招聘一批基层管理人员。本来打算只招 15 个，然而报名的却有几百人。

经过层层选拔，采用笔试加面试相结合的方式选出，而且经过电子计算机等精密的计分，终于选出了 15 位脱颖而出者。

当总裁松下幸之助将录取者名单一个个过目时，发现有位成绩十分出色，并且在面试时给他深刻印象的年轻人未在入选名单之列。于是，他就让人去查。后来，查出那名青年叫神田三郎。

接着，松下幸之助立刻叫人复查考试情况。结果发现，神田三郎的综合成绩名列第一，只因电子计算机出了故障，导致错误，使神田三郎落选了。于是，松下立即纠正错误，给神田三郎发了录用通知书。

第二天，松下公司得到一个惊人的消息：神田三郎因没有接到录用通知书，而提前跳楼结束了自己的生命！当录用通知书到他家时，他已经死了。

原来，那位叫神田三郎的年轻人长期郁郁不得志，总觉得自己怀才不遇。但看到松下的招聘广告，就抱着很大的信心去参加面试、笔试，但没想到竟然没有收到录用通知书，他更加自卑，认为自己彻底一无是处，于是就跳楼了。

当所有的人都为其感到遗憾时，松下总裁松下幸之助却说："很遗憾！不过，公司没有录用他看来倒是对了，如此没有信心的人，就是到了公司也会觉得自己不得志，也不会做出大事的。"

是啊，人生不如意事十之八九，因求职不顺而郁郁寡欢，抱着怀才不遇感慨，并最终以跳楼的方式离开人世的做法，实在不可取。可以说，那位年轻人其实是有才华的。因为他能够在综合成绩上获得第一名的好成绩，但关键是由于其自信心不足，才导致了最终的结果。如果他能够认清这点，也不会沦落到那样的结果。

很多人认为怀才不遇想法的产生，是由于过度的自信甚至自负引起的，其实有些是缺乏信心引起的。因怀才不遇而消磨掉自信心，又因缺少自信而愈加觉得自己怀才不遇，如此循环往复，必然会加重怀才不遇感。

因此，如果觉得自己怀才不遇，首先要先排除掉产生这一想法的原因，如果是缺少自信，就要正视。人无完人，如果你确实很有才但是又极度不自信，不妨适当的"自抬身价"。

一个和尚每天都要挑着两只桶下山打水，然而其中有只桶是有裂纹的，因此每次当小和尚到山上后，有裂纹的那只桶里的水就只剩半桶了。

为此，那只桶十分惭愧，觉得自己真是一无是处，甚至抱怨小和尚太懒惰而不将其换下来，用别的新桶完成工作。另外一只完整的木桶知道后，告诉它说，难道你没看见每天路边的风景吗？等明天他再下山的时候，你不妨注意下路边的花草。

于是第二天，小和尚又挑了两桶水准备上山了。在回去的路上，那只有裂纹的桶注意到，路边的小花和小草长的十分茂盛，开的也十分鲜艳，这让它兴奋不已。而且它还注意到，尽管是同一条路，只有自己这边的鲜花和小草长的茂盛，而完整木桶那边的花草却长得十分普通。那只有裂纹的木桶突然意识到了：过去一直都是自己在自怨自艾，其实，正是由于自己漏出去的水才使路边的花草开得更加鲜艳的啊！

悟出这一道理的木桶，从此再也不埋怨自己的无能，也不埋怨小和尚的懒惰，而是认清自己的价值，每天都在为浇灌路边好看的花草而感到骄傲，也为每天能为主人带去半桶水而感到骄傲！

是啊，如果你觉得自己在这件工作上没有建树之时，却能在另外一件工作上做得十分出色时，先不要着急责备自己的无用，甚至埋怨自己的怀才不遇。而是要看到自己另外的价值。

历史上，没有哪一个否定自己、贬低自己的人是可以做出丰功伟绩，相反，正是那些心怀大志，对自己充满期望的人总能收获累累的硕果。因此，从现在起，即使工作遇到再艰难的情况，也不要盲目地认为是自己倒霉、怀才不遇，而是先检讨自己，适当抬高自己的“身价”。

6 没有怀才不遇，只有寻找机遇

职场中，我们常会发现不少员工会有这样的豪言壮语：只要给我机会，我一定会努力做到最好，可惜时运不济啊；跟我起点差不多的人都比我混得好，他们肯定走了潜规则；唉，当初迫于无奈，选择错误，如果再给我一次机会，一定不会重蹈覆辙；老板太抠门，上司不懂得欣赏……

其实，很多时候人们容易给自己一个过高的评价，过高的期望，当现实与理想有了落差的时候，往往就会抱怨社会没有为他们提供施展才华的舞台，于是有了怀才不遇的想法。而一个人要想成功，标榜“怀才不遇”是没有用的，需要具备很多因素，其中机会就是一个不可或缺的因素。

心理学家曾做过这样一个实验：将一只饥饿的鳄鱼和一些小鱼放在水族箱的两端，中间用透明的玻璃板挡开。刚开始，鳄鱼毫不犹豫地向小鱼发动攻击，失败了，但毫不气馁；接着，它又向小鱼发起第二次更猛烈地攻击，这次它又失败了，并且受了重伤；第三次，第四次……多次攻击无果后，它不再攻击了。这个时候，心理学家将挡板拿开，鳄鱼不再攻击小鱼了，它徒然无望地看着那些小鱼在他眼皮底下悠闲地游来游去，放弃了一切努力。

现实职场中，很多员工就像这条鳄鱼一样，当他们经历了挫折、打击和失败，就逐渐失去了战斗力、激情、梦想，剩下的只有无奈、无助、无力。为了掩盖失败给他们带来的耻辱和不安，于是，他们就极力用这样那样的借口为自己庇护：我的长相不漂亮；我没有一张响当当的文凭；我没有很硬的关系；我这个人太善良，我憎恨那些尔虞我诈的人；我天生不善于吹牛拍马屁；如果再给我一次机会，我也会做出一番成就……可是结果呢？他们依然“怀才不遇”！

江先生就职于某二线城市的一家银行，刚入职时他是一名普通的银行柜员，后来转到银行后勤部门。

虽说工作尽是些日常事务，难免让人觉得枯燥乏味，但是不管怎么说也算稳定，而且与同事、领导的关系就跟亲人一样，再加上自己责任感比较强，做事情也兢兢业业，所以领导时不时会说有机会一定会多关照他的话，他也认为是金子总会发光，只是还未到时机罢了，于是，就这么在一个又一个的糖衣炮弹中拖到现在。

可是随着公司业务的扩展，招纳了不少新人，这时江先生突然感觉压力大了，动不动就发牢骚，埋怨公司不给他提供发挥能力的平台，空有一腔抱负而无处施展，甚至还动了是否要跳槽走人的念头。

像江先生这样的“怀才不遇”者往往抱着“是金子总会发光”的借口，在职场中只知道无知的等待，以他的资历又怎么可能拼得过那些要学历有学历要能力有能力的年轻人呢？最后换来的除了固步自封还有什么呢？

而机遇从来都是青睐有准备的人，一个渴望成功的人应该主动寻找机遇、创造机遇，而不是等待机遇。当老板给我们安排一项工作，而且这项工作操作起来有一定难度时，不要逃避，而要把它看成一次提高自己解决问题能力的机会。工作中与同事发出矛盾时，也不要总是想着对方的不对，而要学会换位思考，把矛盾看成一次提高自己交际能力的机会。再说机会在我们身边又是无处不在，所以，职场每一位员工要把遇到的每件事、每个困难都当成一次机遇，在工作中多做、多学、多看、多听、多思考，自然会一步步地向成功迈进。而一次次地拒绝困难就是拒绝机会，拒绝机会就是拒绝成功。

从江先生的经历来看，他再次游刃有余地驰骋职场是有机会的，只要弥补个人能力的不足，评估好这个平台，自然会迎来职场的春天！

的确，机遇不能一下子创造出来，它需要我们日复一日、年复一年的积累。任何微小的量变，只要能坚持不懈地朝着一个方向去努力，最终必将发生质的飞跃。

有这样一位老兵，从部队退役后在一家科研单位工作。之前他的基础并不是很好，一没过“硬”的学历，二没结缘四海的人脉，入职很长一段时间都没有找到合适的舞台来发展自己。可是他自己却并没有因此而自暴自弃，心里始终抱着一个“不放弃、不抛弃”的信念，一步一个脚印地积累知识、积累经验。只要单位有培训的机会，他都踊跃报名；只要有不明白的地方，他就虚心向业内人士请教。

恰恰是因为他水滴石穿的精神，天道酬勤，他一步步地从刚开始的助手发展到后来自己牵头领着助手干，他参加的科研项目从小到大，发表的学术论文也是无数，有些甚至还在国外著名刊物上发表。他自己也从默默无闻的工程师成了本专业的权威导师、有突出贡献的专家。

这位老兵的成功经历再次说明了积累对于职场成功的重要性。因为机遇只会关照平时有准备的人或是准备得更充分的人。所以，我们每一位职场员工都应该有这种“潜水”精神，学会积累，随时做积累，每天进步一点点，持之以恒就一定能变平庸为神奇、积小胜为大胜，在你创造辉煌业绩的同时自然也实现了自己的人生价值。

7　做自己的伯乐

在我们周围总有这样一种员工，他们时常感觉自己空有一身本事，但是无处施展；空有一身抱负，但是无处发挥；空有好创意好点子，但是无人采纳。殊不知，当今社会是一个人才济济、竞争激烈、机遇转眼即逝的社会，如果在这种情况下，这些人依旧把希望寄托到等待“伯乐”来挖掘他们的话，那么，到头来他们只能日复一日地在抱怨中蹉跎岁月，碌碌无为地度过此生。

事实上，自认为怀才不遇者往往并不一定真的怀才，是他们自身的不良习惯和消极心态让机会一次次地从身边溜走，也使他们与那些境遇相同的人产生了越来越大的差距。也许可以这么说，真正让你怀才不遇的人其实是你自己。

有这样一个年轻人，职场生活处处不顺心，入职几年，眼看着周围人涨薪水的涨薪水、升职的升职，唯独他依旧在原地踏步，职业前途是那么的渺茫，于是，到处发牢骚、吐苦水，感叹自己的怀才不遇。

一天，他在公园溜达时遇到一位老者，走上前问道：“像我这么有能力的人,为何总是遇不到伯乐呢?"

老者听完笑了笑,从脚下草地上捡起一粒石子,对他说:"你看清楚这粒石子了吗?"然后顺手把这石子扔到了草地上,"你去把这粒石子捡回来,我就告诉你答案。"年轻人找了半天也没有找到,皱着眉头说:"草地上的石子都是一模一样的,怎么可能把你丢掉的那粒石子找到呢?"

于是,老者又从身上拿出一颗珍珠,顺手把它扔到草地上,并对年轻人说:"现在你把这颗珍珠给我找回来,找到的话我就告诉你答案。"

果真没费多大功夫,年轻人就很容易地把珍珠捡了回来,兴奋地对老者说:"这下你可以告诉我答案了吧。"

老者笑了笑,语重心长地说:"年轻人,你知道为什么你找不到那颗石子,却能轻而易举地找到这颗珍珠呢?"年轻人不解地看着老者,一时答不上话来。

故事讲到这里,想必你也会有和这位年轻人一样的疑惑:这与怀才不遇有何关系呢?其实,职场多数员工就如草地上众多石子中的一粒,普通得不能再普通,要想在众多石子中被人发现又是谈何容易的事情。

而很多时候,我们往往会一厢情愿地认为,只要自己努力工作,默默耕耘,鞠躬尽瘁,老板一定会知道。殊不知,掌管大局的老板不可能人人都有火眼金睛,不可能事事都知晓,在这种情况下,空有满腹经纶的你,也难有施展抱负的空间。我们不妨反过来想想,你是否主动让伯乐看见过千里马?要知道,假若千里马一直不放蹄飞奔,也难能引起伯乐的注意。

所以,对于仍然蜷缩一隅期待老板主动垂青的上班族,要想在职场上风云起义,不如自己早准备、早出击,去敲老板的门,把主动权掌控在自己手中,自然会创出一番天地。

提起李绍唐的名字,很多人都会把他与IBM、Oracle这些跨国巨头连在一起。在他进入IBM后,每隔一段时间,就会找各种各样的机会问老板这样的问题,"最近,我的表现哪里有不好？我如何做才能做到甲等考绩？我又如何做才能做到 A^+？”

在李绍唐看来，对于刚刚进入社会的年轻人，要懂得去敲老板的门，要主动去跟他沟通。比如，你计划参加某项培训，想提升自己某方面的能力，不妨多与老板沟通沟通，听听他的建议，这样可以让老板知道，你在加强自己的技能，以后有相关业务也会优先考虑你。李绍唐不仅去敲老板的门，也经常去敲公司其他高管的门，通过彼此之间的交流，他可以很清楚地知道，自己的核心竞争力是什么。为了更好地从事现在这一行业，自己还需要哪方面的能力，又该如何去弥补。

不过IBM人才济济，企业文化非常强调“辈分”与“派系”。当李绍唐在IBM已经工作满15年，并做到协理的时候，他主动问自己的顶头上司，“我到底有没有爬到金字塔尖端的机会？大概还要几年？”上司告诉他，如果你愿意等，恐怕轮到你时，也是30年以后了，因为在他前面至少排了10个人。也许，很多人会选择继续留在IBM任职，直至做到退休，并领取一笔数目不小的退休金。但是李绍唐是个有梦想就要去追的人，他的梦想就是做自己的CEO。这次谈话之后，李绍唐决定准备跳槽。终于在耐心等待了两年半之后，他收到了甲骨文公司向他抛来的橄榄枝，被任命为甲骨文华东及华西区董事兼总经理。

打开一扇门，改变你的一生，这就是李绍唐告诉我们的职场生存真经，每一位职场人士遇到坎坷事不要总是抱怨自己怀才不遇，而要先反躬自问：“我有没有在老板面前表现过自己，有没有让老板看到千里马扬蹄的时刻？”阿里巴巴念一声咒语“芝麻开门，魔力无边”，眼前就有珠宝显现。职场中拼杀的你我，要想拥有成功之门内的法宝，就要摒弃传统观念，选择适当的方式，在适当的情景，鼓起勇气扣响老板那扇紧闭的门，为自己的命运掌舵，大步迈向新一轮的成功。

不过职场中还有这样一类人，他们往往被自己过高的评价、不切实际的膨胀给蒙蔽住，到头来反倒在埋怨“伯乐”的不是中虚度日子。所以，要想让自己金光闪闪，还是要好好琢磨琢磨怎么把自己训练成千里马来得实际点吧。只有通过实实在在的努力，工作业绩才不会是一纸空谈，而那时你这颗石子自然也就变成一颗绚丽的珍珠，在无数普通的石子中脱颖而出，被伯乐所赏识。

即将毕业的齐凯进入当地一家赫赫有名的企业实习。实习期间，他认真对待每一件事情，期望实习后可以留在这家企业。为此，齐凯比别人付出了更多的努力和用心，在实习即将结束时，他将几个月来对该企业的认识、看法洋洋洒洒地写了一份细致整齐的报告交给了总部。总经理看过之后，直接批示：写得非常不错，给予通报表扬。齐凯也因此成为该企业的一名正式员工。

不过，企业有个规定，新员工入职的第一件事就是从事一定时间的体力劳动以锻炼，齐凯的任务是看守企业大门，与身边很多觉得大材小用的同事不同，齐凯上班一周后就写了一份《七天警卫建议》的书面报告，从主人翁的角度看待企业，有不少建议还深受领导的好评，这些工作结束后，齐凯直接安排到人事部工作，成为人事部的骨干之一。

正当齐凯在人事部干得得心应手的时候，公司拟建信息部，正缺一个思维敏捷，有工作能力的人来挑大梁，公司毅然决定把这个任务交给了他。

齐凯果然不负众望，将公司的档案、销售业绩等各项杂乱的记录组建成有规则的数据库，不仅便于查询还为公司的战略发展提供了有价值的参考信息。在信息部工作一段时间后，齐凯渐渐觉得自己更适合销售这个岗位，于是他在工作之余，还有意识地学习销售策划方面的资料，工作之外也留意观察周边店铺布局，产品摆放位置及广告。后来在一次商贸洽谈会上，齐凯连夜加班做了一个完整的销售广告案，从创意到执行到最后展板布局，写得清晰详细，而且从洽谈会现场来看，效果远远超出销售部的预期估计。齐凯也如愿以偿进入销售部，很快升任销售经理助理。

机会不等无准备的人，齐凯事业成功的不二法门就是时刻问问自己：为了能够很好地胜任这份工作，我是不是掌握了必要的技能？为了让自己的职业生涯发展得更顺利，我是不是该着手学一些其他技能？

要知道，在事业发展的道路上，无论你从事哪项工作，一定要让自己多掌握一些必要的技能。社会学家也指出，现代社会发展迅速，新信息层出不穷，知识更新周期越来越短，只有不断充实自己，提高知识水平和技能水平，才能更好地胜任我们的工作。而且任何一个人在知识上都会有盲区，谁也不可能通晓古今、遍知万物。

这样看来，只有踏踏实实地走下去，才能提升自己在老板心目中的地位，继而参与到公司很多的重要事务，并被老板委以重任，因为在他眼里，你已经成为不可替代的员工。这个时候，你还会抱怨不被赏识？还会有“怀才不遇”的牢骚吗？

8　摒弃怀才不遇的想法

职场生活中，我们常会看到这样一类人，他们自认为要么工作压力大，让人觉得太累；要么工作太轻松，没什么发展空间；要么就是老板“不识货”……无奈之下，只能感慨自己怀才不遇，感慨前途渺茫，于是，到处发牢骚、吐苦水。有些人甚至还会自暴自弃，抱着“做一天和尚撞一天钟”的心态去工作，甚至一副破罐子破摔的样子。

汪洋大学毕业后，先后换了四份工作，每份工作都是没干几个月就会抬屁股走人。凭借帅气的外型，他先是在一家房地产公司轻而易举地找到了第一份工作——公关。但是没过多久，汪洋就不满意了，“整天没完没了的应酬，对蛮不讲理的客户还要笑脸相迎，这种事让前台小姐来做还差不多”。于是，一时冲动就辞职了，换到一家保险公司做起了推销员。可是恰好遇到公司整体订单量下滑，他也一连好几个月没签到一份单子，囊中羞涩的日子让他“怀才不遇”的感觉越来越强烈，再次决定另谋出路。之后，他又到一家建材公司干起了储备干部。同样没过几个月，汪洋又开始郁闷了，他认为公司分配给他的尽是普通行政人员的事务，并没有接触到管理干部的实质性工作，于是，他又开始动了跳槽的念头，“要是不赶快走人岂不是荒废我大好青春”。这样他再次炒了公司“鱿鱼”。之后，他在证券公司找的一份差事也是没干几个月就又辞职了。

职场生活中，像汪洋这样的“跳跳龙”不在少数，虽然工作换了不少，但他们到头来往往越来越弄不明白自己想要什么，总会遇到很多阻碍，诸事不顺。而且凡是有“怀才不遇”想法的人只要一开口说话，不是对同事、领导不满，就是吹嘘自己多有本事，这种感觉越强烈，对周围人的敌意就会越强烈，这样反倒把自己孤立在一个小圈圈，无法融入团队中。

其实，身在职场，不管你有多大本事都有可能碰上无法施展的时候，这时候千万要记住：最好摒弃“怀才不遇”的想法，因为这会成为你心理上的负担，不但工作做不好，还会影响个人职业生涯的发展。那么，难道就这样一辈子“怀才不遇”下去吗？当然不必如此，尝试照着下面几个建议去做，相信你的职场之路会越走越顺。

首先，要对自我能力有个客观的评估，不能把自己看得一无是处，也不能把自己看得十全十美、无可挑剔。

张强刚入公司时，觉得自己研究生毕业，可是每天做的却是一些零零碎碎的工作，对此他常因大材小用而困惑，甚至还动了另谋东家的念头。不过，后来发生的一件事情却让他渐渐醒悟到：职场生存，千万不要自以为是，把自己估计得太高。

一次，经理安排他写一个方案，并叮嘱写好后，先交给副主任审改，改完后再让主任审改，主任审完后再交给我。可是在张强看来，这样工作效率未免太低，我自己一个人完全可以把方案做得很好，何必交来递去。所以方案写好后，他就直接交给了经理。可是，经理看过方案后，却发现很多漏洞，问明原因才知道，原来是中间审改环节漏掉了。

并就这件事情，给张强好好上了一课：办公室工作要层层把关、层层负责，这样做可以让相关人员都参与进来，汇聚了众人智慧的方案，才能更好地保证文稿的质量。如果做事情总是觉得自己无可挑剔，不需要与他人协作的话，往往不但事情做得不漂亮，而且还会阻碍个人事业的发展。

事后，张强也坦诚地说，这件事情让我明白了这样一个道理：做事情一定要对自我能力有个正确的评估。年轻、精力充沛、热情、思维活跃是我的优点，但是在我的身上同样也存在着明显缺点：做事情不太认真，总是以为自己很优秀，稍微有点成绩就喜欢夸耀。

初生牛犊不怕虎的张强免不了有一股拼劲儿，而受过高等教育的他对于工作中的一些操作也很有自己的想法，认为这儿不合理那儿也不合理。但是在实际工作中，他对自我往往缺乏一个客观的评价，没有一个正确的认识及定位。对于这种人有一点是非常重要的，当你冲动的时候，尤其是对原有规则有异议的时候，一定要三思而后行。多问问自己，对于手头的这份工作我是不是有足够的把握能力？我的做法是不是足够成熟并有可行性？事实上，当你的自我评价越接近客观现实就越能把事情做得漂亮而完美。

其次，仔细分析是何原因让你的能力无法施展。是大环境所限还是有人为的障碍？是没有恰当的机会还是自身能力有限？只有把这些问题一一捋清楚，才能寻求到更好的发展空间。

菲儿在一家私企人力资源部担任人事专员已三年多，是老板、同事公认的能力过硬的人。但是，最近一段时间，她一直为自己是否有资格竞聘人力资源经理一职而困惑。因为论资历、能力和工作的认真态度，她认为自己完全有资格竞聘这一职位，可是左思右想，在她眼前还是有两个似乎无法逾越的鸿沟让她举棋不定：一是自己只有专科文凭；二是单位是家族企业，老板做事有任人唯亲的倾向，可是最近一次和老板的谈话，他却说我没有抓住机会，不知道抓住机会，这样思来想去，她终究还是不知道自己是该去还是该留？

很多职场人士都有和菲儿同样的心理："我工作努力，能力也突出，所以有了机会和平台，老板就应该把机会给我。"可是为何一旦遇到瓶颈，很多人都免不了要走入跳槽的死胡同呢？其实，很多时候，为了争取到自己想要的东西，在职场生存必须得学会向老板表明你的企图心，千万不要因为自己还是半斤八两而不好意思，越是这样越会打压你的自信心，而且这种不自信的心理状态还会造成连锁反应，让你在机会面前不敢主动争取，让你习惯用批评的心态来看待你所面临的环境。

同时，也不要一厢情愿地认为老板就是那样的人，即便你说了也是白搭。对于老板对菲儿说的那句话，"你没有抓住机会，不知道抓住机会"，我们可以这么正面地去理解，言外之意是老板有重用你的想法，可是眼下就看你能不能把这"临门一脚"给踢好了，所以能不能把握住机会还是在于你自己。当然也有些员工会担心自己的主动请缨会适得其反，给老板留下不好的印象。其实，你自己不说或是不用实际行动表示出来，老板又怎么知道你希望得到这份差事呢？更何况很多时候，如果下级能主动请缨，老板对此往往会很高兴，而且这也是你表达自信的一种方式，把工作交给你，哪个老板会不放心呢？

第三，学会展示你的专长，适时让专长说话，而不是靠你的情绪说话，一切都会走得顺理成章。

一项调查资料显示，有 28%的人正是因为他们找到了最擅长的事才把他们的能力专长发挥得淋漓尽致，并充实了自己的职业发展生涯，彻底掌握了自己的命运，毫无疑问，如果你用心去观察，这些人最终都会迈入成大事者之列。相反，剩下 72%的人正是因为不知道自己的专长在哪里，每天稀里糊涂地做着不擅长的事，因此，根本谈不上脱颖而出，更谈不上成大事。

要想摒弃怀才不遇的想法，除了对自己要有一个客观评价、对自己能力无法施展的原因做个合理分析、学会适时展示自己的专长外，还得努力营造和谐的人际关系，不要成为别人厌恶的对象，而要以你的才干积极地去协助其他同事出色地做好工作。

总之还是那句话，“怀才不遇”的心理要不得，因为这会成为你思想上的负担，认真地做你该做的事，自然会为你带来意想不到的收益。

第七章　与其跳槽，不如享受融入团队的终极幸福

一位职业专家曾说，一个人想要成功，必须学会寻找几匹马来骑。的确，在当今这个竞争如此激烈的社会，通过单打独斗脱颖而出的事例早已是过去式，一个人即使有三头六臂也不可能完成所有的工作，而要实现这一切，唯有借助团队的力量。由此可见，换工作并不能改变这种境况，当你积极主动地融入团队，努力建立其乐融融的团队氛围时，自然能实现 1+1>2 的目的，到那时，换工作也许只是一句玩笑话而已。

1 甘做团队里的一滴水

释迦牟尼曾问过弟子这样一句话:“一滴水,怎样才永远不会干涸?”众弟子面面相觑,思索了半天,也想不出答案。佛祖只有自己点破禅机:“一滴水要想不干涸,只有融入大海。”众弟子听后恍然大悟。

这是个颇有哲理的小故事,不仅点出了小与大的哲学意义,更点出了个人与团队的生存智慧。的确,一滴水的抗旱、抗风能力毕竟很弱,若不融入大海,很快就会干涸,而当它一旦与浩瀚的大海融为一体,就立刻获得了新的生命。而我们每一个人,作为社会的一分子,就如这水滴一样。如果不懂得融入大海,不懂得融入团队,不懂得与团队成员密切协作,又怎能肩负起团队的使命与责任?又如何实现自己的梦想?

有这样一根绚丽至极的羽毛,生长在大鹏鸟的翅膀上。在周围一片黑压压的羽毛中,它是那么的与众不同、卓然超群,令其他羽毛羡慕不已。它也因此而常常得意洋洋,摆出一副目空四海的样子。

这根绚丽的羽毛经常是趾高气昂地其他羽毛说:“大鹏鸟之所以展翅飞翔时会那么的壮观伟岸,那都是因为有我。”身边的羽毛听后个个都随声附和着。渐渐地,这根漂亮的羽毛整天都陷在自傲自负的泥沼里,无法自拔。又过了一段日子,这根自视不凡的羽毛目中无人地对其他羽毛宣布:“你们不要以为,大鹏鸟天生就有那么大的本事,要是没有我的话,它哪里能一飞冲天,如果没有它硕大无比的躯体重重地压着我,我一定可以飞得更高、飞得更远。”说到这里,它使出浑身力气,拼命地脱离了大鹏鸟的身体,如愿以偿地高呼道“终于可以自由飞翔了!”可是它在空中还没有飞多久,就无声无息地落在泥泞的土地上,从此这根绚丽的羽毛再也无法飘扬远飞了。

在高傲不可一世的羽毛眼里，自己所具备的能力足以取代大鹏鸟的地位，而周围的羽毛们算得了老几呢？可是结果呢？当它一旦脱离大鹏鸟，根本无法展翅翱翔，而驰骋那万里晴空终究成了一个永远也实现不了的梦。

这样的例子在职场江湖比比皆是。一些员工好高骛远、自命不凡，对有些事情不屑一顾，总认为自己是干大事的料儿，甚至一进单位就想身居要职。结果不但脚跟站不稳，还影响了整个团队的前进步伐。

段洁毕业于某名牌大学，在校期间就是有名的才子，进入职场更是一位能力颇强的员工。在一次与重要客户的谈判中，以专业的技术才能和出色的谈判技巧，为公司创造了良好的效益，也受到了经理的高度赞扬。可是自此之后，段洁越来越觉得自己非同一般，经常表现出一副自高自大、目中无人的样子，还时不时地跟同事说这样的话“当时毕业要不是为了能把户口落在北京，我才不会忍气吞声地选择这样一家小规模的民营企业工作”。渐渐地，他的这种态度使周围同事都不愿意与他交往、合作。于是，他成了一个被孤立、独来独往人，工作上的许多事情都陷入极其尴尬的境地。在一次项目运作中，由于他判断失误，给公司造成了不小的损失，之后经理的恼怒、同事的冷言冷语也使他在公司很难再继续待下去，卷铺盖卷走人也成了不得已而为之的事情。

的确，职场江湖不少能言善辩之才，也不乏才华过人之辈，更不缺才高八斗的“顶尖”人才，不过即便你是这类人中的一种，也千万不能忘了这个规则：古往今来，但凡成大事的人，没有一个是靠单枪匹马就能实现的，就算你是团队的主力干将，也不可能单打独斗闯天下。而自视高人，甚至目中无人的人终究会因为无法融入团队而频繁地跳来跳去。

所以说，每一位行走在职场江湖的人都要时时刻刻把自己当做一滴水看待，只有把你这小小的一滴水融化在大海怀抱里，常常低头检查一下自己的缺点、思考一下自己的不足：是不是目空一切了？是不是对人冷漠了？或是言辞尖苛了？如果你意识到了自己的缺点，并及时改正才能更好地借助团队的力量，让自己成长，散发出自己作为一滴“水滴”的光芒，要知道，但凡成功人士都经历过从“能干的人”到“团队好伙伴”的过程，唯有做到这些，才能更好地翱翔于职场江湖，飞得更高、更远。

2 用沟通架起理解和分享的桥梁

现代职场讲究沟通的热潮一浪高过一浪，无论是高级职业经理人的跳槽和变动，还是底层员工在职场这个大熔炉中命运多蹇，往往都可以归结为沟通不畅造成的。

的确，职场如江湖，从你踏入职场的那一天起，就已进入了一个人、事、物纷繁交杂的江湖。不管你是江湖中的菜鸟，还是江湖中的老巫，都需要在办公室这片小天地学会如何运筹帷幄，如何明哲保身，如何规避矛盾，这是每一位江湖人士都需要掌握的必修课和常修课，而要上好这门课的秘诀就在于沟通，有效的沟通。反之，如果在如何沟通的问题上，你的大脑里压根就是一张白纸，或者你的沟通方式不恰当，那么，很遗憾你不得不从现在开始就要正视你的人际关系了，要知道，一个没有和谐人际关系，没有很多知心朋友，得不到领导充分重视的员工，在事业上是无法一帆风顺的，只能是犹豫不决地在跳槽还是守在原位之间徘徊。

既然有效沟通是一张职场江湖的通行证，那么，如何才能称之为有效沟通呢？先来看看下面这个故事，读后你就会有所领悟。

三只猎狗追一只土拨鼠，突然路边出现一个树洞，土拨鼠见机“嗖”的一下钻了进去，这个树洞只有一个出口，可不一会儿，从树洞里钻出一只兔子来，兔子迅速地向前跑，并爬上一棵大树。上了树的兔子，惊慌中没有站稳，掉了下来，恰好砸晕了正仰着向上看的三只猎狗，最后，兔子终于逃脱了。

故事讲完了，你认为这个故事有什么问题吗？也许你会说："兔子不会爬树。"或是"一只兔子怎样可能同时砸晕三只猎狗呢？"其实，很多人没有想到这样一个问题：土拨鼠哪里去了？

在这个故事里，"土拨鼠"好比我们做事情的目标，可是人们常常在行进的过程中忽视或遗忘它，以致行动最终无效。而沟通也是一个行进的过程，从始至终是为了一个特定的目标。所以，职场人士在进行沟通的时候，一定要有一个明确的目标，然后朝着目标走。无论你走大路，还是走小道，都不要忘了提醒自己，"土拨鼠"哪里去了？

明白了沟通不是漫无目的的聊天，也不是若无其事的倾诉，更不是图穷匕现的争斗，也许很多正寻思着跳槽的职场人士还有这样的不解之谜：为何工作非常出色，但却得不到上司的垂青；面对同事，为何总有问题搞不定；自己很有领导风范，为何下属却不服你。其实，职场沟通对象中，不外乎上司、同事和下属，学会"摆平"这三类人，你就可以游刃有余地驰骋职场江湖了。

Angel在一家美资公司做行政主管，公司周五要召开经理级会议，上司让她拟好会议日程和安排，并下发给每位参会者。Angel很快就做好，并把相关文件E-mail到上司的私人邮箱。可是就在开会前一天，上司很不满意地问她："为什么还没看到你的计划？"Angel说："两天前就发到您的邮箱了"。上司说那几天他正和一位重要客户谈合同，所以也没看邮件，于是提醒Angel以后要注意，重要的事情事先应该打个电话追问一下。后来，Angel在递给他的几次工作报告中都出了不少差错，就这样她给老板留下了粗心大意的印象，年底加薪名单中也把Angel排除在外。

Angel的教训告诉我们，"和你的上司搞好关系"永远是职场人必须熟记的生存守则。加薪也好，升职也罢，你的前途和命运有绝大部分的“股份”是攥在上司手里的，所以说学会与上司“沟通”很重要。作为员工，要有明确的角色意识，尊重上司的权威；其次，要了解上司是怎样一个人，从而制定针对性的策略；再者就是要恪守一定的沟通法则，比方说请示而不依赖，遇事要有主见，该请示汇报的就请示汇报；当然，不能事事请示，完全依赖、等待上司的安排。

在职场中，同事也是工作中的伙伴，也是沟通的重要对象。工作时同事之间难免会有分歧和争执，若处理不当，一气之下跳槽走人的事时有发生，其实，不活学活用沟通技巧，不管到哪，这颗“定时炸弹”都有可能爆发。若处理得当，便能化火暴的争执为冷静的沟通，问题解决了，还皆大欢喜。

张鹏是某电器公司销售部的一名员工，人比较随和，不爱跟人争执，和同事相处自然比较融洽。但是，前段时间，不知道为什么，同部门的刘凯老是和他过不去，故意在同事面前指桑骂槐。起初，张鹏觉得都是同事，忍忍就算了，化干戈为玉帛嘛。可是后来刘凯抢了张鹏的好几个老客户，看到他如此嚣张，于是一赌气，张鹏把事情告到了老板那儿。老板把刘凯批评了一通，但结果呢，张鹏和刘凯自此也成了一对水火不相容的冤家，是跳是留自然成了摆在他们眼前的大难题。

类似事情在职场中时有发生。当刘凯对张鹏的态度大有改变时，张鹏没有留心是哪里出了问题，反倒一味忍让，而并不是双方平心静气地坐下来好好沟通一下。要知道，没有一个人是喜欢与人结怨的，只要沟通得当，可能同事间许多误会和矛盾在比较浅的时候就会消失。

职场拼杀常见的一个现象就是“严上司”难有朋友。对于有的管理者来说，完成工作任务并不是一件困难的事，反倒是如何处理好上下级的关系却让他们不知所措。

葛小姐是一家外资企业研发部门的主管，经验丰富，做事见解独到，只要她认为可行的方案必定坚持到底。实际工作中，在达到工作目标的同时一直坚持要求下属减少工作失误，即便一个不起眼的细节也不放过。在她的带领下，部门出错率低，而且工作业绩也非常出色。可是，下属对她的反应却并没有因业务成绩的提升而变得融洽起来，甚至表现出一种抗拒的情绪。刚开始时葛小姐也尝试寻找话题，主动融入同事圈中。可是每次大家都只是相当被动地回答她的提问，上下级不协调的状态似乎没有什么改变。渐渐地，葛小姐也在这种状态中沉默了。

葛小姐的最大问题是过于坚持自己的看法、容易纠缠细节问题，这样的工作作风难免会让同事觉得自己不被信任，即使刻意与同事交流，似乎也不是发自内心的，因此最后她还是选择了放弃。而要改变这一局面，则要加强与人沟通的技巧，当你的职场情商达到一定程度时，自然会有个好人缘。

3　主动寻找周围人身上的优点

在你的身边是不是常会上演这样的场景：有的同事一听到工作就想呕，一到周一就顶不住头晕、心跳、精神抑郁的折磨；有的朋友连换两个工作都不能称心如意，干脆自己给自己休假，潇洒地去海边吹吹风……毫无疑问，这些都是现实生活中或轻或重的职场危机。

暂且抛开工作压力造成的部分原因，光是天天跟办公室里诸路神仙比剑过招，也确实够让人心力交瘁的。职场人际关系真的像你我想象的那样吗？一项调查资料显示，职场中80%的敌对情绪是可以被克服的。可是现实情况往往是，一旦彼此有了敌对情绪，会不由自主把对方的缺点放大，并在潜意识里让自己扮演一个“无辜者”的角色。

要知道，同事之间是合作伙伴，而不是敌我关系，大可不必剑拔弩张，睚眦必报，而应该互相帮助，共同进步。俗话说得好“金无足赤，人无完人。”不能因为你厌恶别人的某一点，就否定对方的一切，就算是多么令人可恨的人，他也总有值得你欣赏的一面。善于发现别人的长处和优点，对比自己的差距和缺点，互相学习切磋，争取补己之短，这样才能完善自我，在职场发展道路上越走越远。我国古代伟大的思想家孔子不是早就教导我们：“三人行，必有我师焉！择其善者而从之，其不善者而改之。”

所以说，从现在开始放开你的心胸，把注意力集中到主动发现他人身上的闪光点吧，学会发现别人身上的优点，这对一个人的生存能力、合作能力、发展能力的提高，都具有重要意义。

陈铎，某酒店行政主管，很受领导赏识，但是对下属的要求却格外严格，即便一点小错也不留情面，批评教导简直就是“家常便饭”，为此在同事心理，他是一个不折不扣的刻薄、不讲人情的人。就在前不久，单位组织旅游，他的房间恰巧安排在常被批评的下属小李对面，不过，这一次的经历却让小李对他有了新的认识。

到了酒店，已经是晚上9点多。由于单位年轻人多，平日工作压力大，难得出来放松一下，大家商量一会儿去唱歌。可是就在小李敲开他的房门时，一下子呆住了，进屋还不到半小时，他的床上铺满了试卷。

出于好奇，小李打听起来，“这都是什么啊？”“模拟试卷。”“你要考试吗？”他头都没抬地答道：“嗯，是经济管理的研究生。”“大家要去唱歌，你也去吧。”“不了，你们去吧。”他依然不抬头，手里算着什么。“大家都出去玩，你能学得进去吗？”“嗯，快考试了，我在这儿临阵磨枪，不快也光啊。”小李没再继续问，而是轻轻地把门带上。

从那以后，小李开始敬佩起这位“严上司”了。他的闪光点让小李不再抱怨他的刻薄，反而更愿意和上司接近，也正因为如此，办公室里渐渐营造出一个人人乐于进取的良好工作氛围。

阿莎是某公关公司刚入职不久的职员，天天不得不面对那个“自以为是”的主管 Cansy。对待菜鸟犯下的错误，Cansy 永远会发出“哧”的一声嘲笑，安排任务也永远都是刚愎自用的口气。为此，阿莎常怨声载道，“不就比我早来两年吗？不就毕业学校牛点吗？不就专业能力强点吗？现在恃才傲物装才子，看谁最后是赢家！”

虽说阿莎和 Cansy 是一对斗气同事，但是从入职一年多的交往中，阿莎渐渐明白了，Cansy 之所以能永远这样自负下去，是因为她的确拥有一些过人的品质。在她每天自信满满的表情背后，是专心致志的工作态度、谨小慎微的工作计划和没日没夜的加班熬夜。

从这个故事我们可以看到，在职场中与其为别人的性格生气，不如好好学习学习其人之所以“牛气冲天”的资本，培养专心致志的工作态度，练就完美出色的工作能力，这才是每一位职场“大牛人”不可缺少的硬底子。

陆玲，某广告公司职员，每个早晨她都会有一种莫名其妙的职场恐惧症：不情不愿地从被窝里钻出来，手忙脚乱地梳头穿衣，头脑里反复上演前天办公室的糟糕场景，然后拖着一身疲惫开始这噩梦般的一天。

说起这恐惧症的源头其实就是她的顶头上司，在陆玲看来，上司就是一个“冷如冰霜”的人，而且他的情绪化也很让陆玲提心吊胆，不知道他什么时候出太阳，也不知道什么时候电闪雷鸣。

终于一天，陆玲这样问自己：“难道我真的要靠看别人的脸色工作吗？”“难道我就这么赌气而辞去这份对我来说很有发展前途的工作吗？”想来想去陆玲发现原来是自己拐进了死胡同。上司越是不露声色，她就越是努力揣测上司的话外音，却忽略了在职场中无论与谁交往，都应该先看看对方的优点，不要一看到别人的缺点就先入为主。

这一天，当陆玲拿着策划方案请教冷面上司时，她发现上司面无表情的背后是细致专业的讲解，尤其是在细节问题上体现出的一丝不苟的认真劲儿和专业素养更是让陆玲对他有了新的认识。从此之后，陆玲对上司的态度也是180度大转弯。

职场上，有些“面若冰霜”的人其实并不难相处，虽说他们不属于谈笑风生的一类人，但是处理起工作上的事情从来都是认真严谨，而且在应对微妙复杂的职场人际关系上也是以“低调”为中心。所以说，要想在职场江湖混出点名堂，就得学会客观地发掘别人的优点、真诚地去尊重欣赏别人，这样你的人际关系才会变得游刃有余，同事之间也会在这种互相欣赏、共同提高的氛围中形成良性互动，使我们的工作环境变得更加温馨可爱。

4 接受公司文化，迅速融入团队

都说职场是个缩小了的名利场，再华美的说辞也逃不脱名和利两个字。可是，要想左手得名右手还获利就得学会接受、认同公司的企业文化，从公司规章制度、管理者作风、同事特点、上下级关系到公司氛围都是每一位职场人士需要细心体会的企业文化，唯有对这些事情知其一还知其二，你这朵小浪花才能在最短时间内更好地融入公司这片大海，奋斗目标才不会成为一纸空谈。而且**一个有生命力的组织不是靠财富来支撑的，最终支撑组织生命力的恰恰是企业文化。**

通常来说，员工进入一个新公司对公司企业文化的态度不外乎下面两种可能：一种可能是很快就能融入公司的文化，并把企业文化融入到自己的工作行为中，做事也好，做人也好，都是那么的如鱼得水；另一种可能是进入一个新企业后,不能很顺利地融入这个公司的企业文化,或者说是处处被排挤,这就导致新员工在企业文化上的障碍,要么在工作岗位上业绩平平,要么在跳槽的问题上犹豫不定,最终不得不被迫离开。

介于这种情况,新员工在入职的第一天就要做好充分准备,主动去了解和适应你就职的企业和企业文化,从企业的发展史、经营理念、决策机制到关键的人际关系都要了如指掌。那么,如何才能让自己快速地融入到新公司的企业文化,借助团队的力量让自己成为一个成功的人呢？认真对待新员工培训就是每一位初入职场的员工必须学好的第一堂课。

小梅毕业之后,经过层层面试,如愿以偿地进入了海尔集团工作。然而,进入海尔集团的第一周,就给了小梅一个意外的惊喜:原来小梅到公司的第一周就面临着公司举办的一个新老"毕业生"见面会。在会上,"师兄师姐"以自己的亲身感受讲述了海尔集团的企业文化、发展战略等,并且还可以面对面的与集团高层领导沟通来了解公司的晋升机制、自身职业发展等问题。通过一周的学习,小梅深深的了解到了公司的历史、文化理念、产品线、发展方向等内容。顿时,小梅感觉自己像换了一个人,对海尔的一切已深深植入脑海,对自己的奋斗目标也清晰了。

事实也证明了,员工培训是任何一名员工从局外人转变为企业人的过程,在这个过程中,你不但能了解到企业的行为规范、福利待遇、晋升制度等事项,更重要的是有一种意识会不断鼓舞你勇往直前,那就是学会团结合作、集体奋斗,这样才能在市场激烈的竞争中立于不败之地。

投入到一个新的企业文化环境中,难免会有一些陌生感,遇到事情多学、多问、多了解就是你需要上好的第二堂课。

银辉毕业于一家外贸院校,现在一家外企从事市场调研的工作。早在正式上班之前,他对外企工作节奏快、管理严、规矩多等情况已有一定的了解,所以刚参加工作时,就给自己定了个目标:改掉读书时懒惰、拖延、不注意小节等毛病,尽量在短时间内把工作做到最好；改掉自己好高骛远的毛病，工作中要多向身边同事学习和请教。

经过三个多月的努力，银辉对工作已是得心应手，而且在公司里也是人缘极好，周围人像他讨教其中缘由，银辉深有体会地说：“要想快速融入公司的企业文化，最重要的就是在工作中多学、多问、多了解。”

每个公司都有自己看不见的规矩，也就是企业文化，在工作中遇到问题拿不准时，千万不要不闻不问，而是应该主动虚心地向老员工请教，因为他们对公司的方方面面可谓了解入微，多和他们交流可以让你少走很多弯路，也能培养自己对公司的归属感。

不过，职场中也不乏这样的员工，对公司的企业文化还没有足够了解的情况下就急于展示自己的才干，不但不能让周围人对你刮目相看，还容易弄巧成拙，给人锋芒毕露的感觉，让人产生厌恶感，自然也就让自己不利于融入公司的企业文化。

郭鑫是个绝顶聪明的人，跳槽到一家大型集团公司后，更是摩拳擦掌要干出一番事业，上岗还不到一周就洋洋洒洒地做出一份长达二十多页的企划方案，满怀希望地放到老板桌前。让郭鑫万万没有想到的是，老板看到他的企划方案，非但没有夸奖他，反而眉头紧缩，一脸严肃的表情。于是，郭鑫就一厢情愿地认为，这个公司不适合自己发展，

后来郭鑫从同事那里了解到，原来公司一贯奉行稳健经营的作风，他的企划方案虽说颇具开拓性，但是也存在着巨大的经营风险，这恰恰与公司的企业文化不相符。

郭鑫的切身经历告诉我们，身处一个陌生的企业文化环境中时，谦虚行事是职场人士要学会的第三堂课。每家公司都有自己独特的企业文化，有的企业文化是将它的宗旨理念、经营哲学、价值标准等渗透到员工的思想意识中，让员工形成一种自我约束，有的企业文化则主要靠规章制

度和奖惩条例来规范员工的行为。不管你是初来乍到的职场新手，还是驰骋多年的江湖老手，都要充分认识到接受公司企业文化的重要性。遇事懂得谦虚，本着平和的心态去看待周遭的职场文化，才有笑傲江湖的豁达。

要想迅速融入团队，在职场江湖稳扎稳打，还要学会在“条条框框”的问题上做到心中有数，这也是每一位职场人士迅速融入团队必须上好的第四堂课。俗话说，“没有规矩不成方圆”，身在职场，不管你愿不愿意接受，遵守制度就是员工起码的职业道德，尤其是新入职的员工更应该好好学习。

苏琦现在还清晰地记得刚入职时，人事部培训专员肖剑发给他们人手一册的公司规章制度，开始时，好多同时入职的同事对此往往不以为然，随手一仍就做别的去了。可是，苏琦是个有心人。利用下班后的时间，他快速地将这些同事眼里的“条条框框”做了一下分类：哪些规章制度是需要严格遵守的？哪些是不成文的制度？而又有哪些制度是需要私底下向前辈讨教的，像发生办公室恋情公司会如何处理？办公时间处理个人事务会怎么办？因为流感而请病假时，必须有医生的病假条吗？……恰恰是因为苏琦的努力，在身边同事因为大大小小的“犯戒”而被当众批评或是严重到辞退时，苏琦却一步步地向自己的职业目标迈进。

也许，苏琦的总结在你的员工手册上早已是白纸黑字了，然而很多职场人士对此还是迷迷糊糊，全凭直觉行事。要知道，如果有些事情搞不明白，在日后的工作中你很有可能会“碰钉子”，甚至永远也意识不到自己是在犯错误。只有了解了这些成文和不成文的规章制度，才能在制度规定的范围内行使自己的职责，发挥自己的才能，让自己更迅速地融入团队中。

要想在硝烟弥漫的职场江湖做到游刃有余，这里推荐的几堂必修课也只是蜻蜓点水，我们所要做的就是快速认知新公司的企业文化，及时调整自己的心态、增强自己的工作技能，方能使个人的行为模式更符合企业文化的发展需求，而且借助团队的力量也能让自己成为一个成功的人。

5 学会利用协作的力量

职场生存有一条很重要的法则就是学习獒狼精神。在广袤无垠的原野上，獒狼之所以能在丛林中立于不败之地，最关键的原因就在于当它们面对比自己强大的物种袭击时，必群起而攻之，利用协作的力量自然可以战胜对手。

同样的道路，每一位在江湖上打拼的职场人士也要懂得利用协作力量的重要性，因为在这个信息飞速发展的社会，光靠自己有限的能力去单打独斗是根本不能把事情做到尽善尽美的，无论你的智商如何过人，也只有一个脑袋和一双手。只有把有能力的人整合在一起，才能把事情尽量做到最好，而且集思广益比单打独斗更容易激发出令人意想不到的创意，从而创造出可喜的业绩。这就是我们常说的那句话，“做任何事都要有团队精神，合众力才能成大事”。

龟兔赛跑的故事大家并不陌生，故事以兔子骄傲自满的失败结局而告终。但看过下面这个有趣的版本，也许你会得到不一样的启示。

当兔子因输了比赛而倍感无颜时，它很认真地分析了自己的过失，原因就在于自己太自负、太散漫。如果自己不是那么的想当然，乌龟又怎么可能打败自己呢？于是，兔子提议，和乌龟再来一场比赛，而乌龟也同意了。

这次比赛中，兔子全力以赴，一口气跑完，而且还领先乌龟好几里地。当比赛结束的时候，轮到乌龟检讨自己了。它思来想去，照这种比赛方法，自己是不可能战胜兔子的。于是，它另外找了一条略有不同的路线决定和兔子再一试高低，兔子也欣然同意了。兔子为了验证自己许下的诺言，从头到尾一路狂奔，突然眼前出现一条宽阔的河流，兔子一时不知怎么办才好。这时，乌龟很自然地下到河里，游到对岸，继续爬行，直至完成比赛。

不过有点意外的是，这次比赛后，兔子和乌龟反倒成了好朋友，它们一起检讨，得出这样一个结论：在比赛中，如果双方携手合作的话，都会表现得更好。

于是，它们就决定参加由所有动物组成的一次比赛。这次先是兔子扛着乌龟，一路飞驰，等到了河边时，乌龟接力，背着兔子过河；到了河对岸，兔子再扛起乌龟，最终两个伙伴一起抵达终点。最后，它们以并列第一的好成绩获胜。而且，与以往任何一次比赛相比，它们都感受到一种前所未有的成就感。

当兔子和乌龟先后遭遇失败后并没有就此放弃，而是深刻反思，用心改变策略，直至双方协同合作才取得了最终的成功。同样，职场生存也遵循这个规则。无论做什么事情，单靠一己之力是很难把事情做好的，俗话说“众人拾柴火焰高”，如果凡事都是“事必躬亲”，不但累得喘不过气，也未必能取得理想的效果，所以说，凡事要懂得运用群策群力才是驰骋职场的王道。

淑颖在一家装修公司做设计工作，从上班的第一天起，她就不断提醒自己：“我要干出一番成绩来。”无论对待什么任务，她都能一丝不苟地完成，而且力求完美的工作态度就算加班熬夜也从来不会牢骚埋怨。即便手里没活儿，她也毫不松懈，用心构思着自己的各种创意。

由于过于专注工作，淑颖与同事之间的关系渐渐地疏远了。当同事主动和她打招呼时，她只是敷衍几句，可是就是这么一个小细节却给同事留下了“她爱摆架子”的印象，以后也就不再搭理她了。

在一次项目例会上，设计总监让设计部的所有人员在月底前共同完成一个重要的设计方案，淑颖也在其中。虽说她的设计能力很突出，但是因为平时与同事缺少沟通，所以得不到必要的帮助和支持。而且性格比较内向的她做事情也倾向于独立思考，这样一来与同事的距离就更是越拉越大了。

为了显示自己的能力，在交稿日期还没到时，淑颖就迫不及待地把自己的作品拿给总监看，却得到这样的评价：“构思不错，但是在一些细节部分如果能够加入同事在这方面更好的创意元素的话，那就比较理想了。”其实，总监对淑颖独来独往的工作作风也略有所知，这次只是在暗示她应该和同事打成一片，这样才能把工作做得更好。

事后，淑颖虽然尝试过改变这种局面，但是她给同事造成的不佳印象，显然是很难一下子改变的。而且越是在她遇到难题时，越是怯于向同事求助，时间久了，她反倒觉得工作总是力不从心，甚至有了另谋新东家的想法。

毫无疑问，淑颖努力钻研业务、专心工作的态度值得肯定的。但是，她做事情总想着用一己之力完成，越想好好表现，反而越适得其反，而多与身边同事沟通、合作才有利于自身的发展，正所谓“同心同德，同舟共济”，善于处理好与同事的关系才能更好地把事情做好，否则，就算你有三头六臂也会吃不消的。

6 别把坏情绪传染给大家

行走在职场，为何有人在办公室的欢迎度颇高，可以给大家带来快乐和轻松，是众人公认的“开心果”？为何有人动不动就将负面情绪到处发散？压抑着怨气的人，做什么都提不起精神，给同事懒懒散散、心不在焉的印象；经常在办公室大发雷霆的人，成了众人闪躲的刺猬……

的确，在办公室这个人群密度高，到处都充满着情绪的地方，难免会有这样那样的坏情绪，但是如果你的烦闷无处释放的话，不仅会让自己走进死胡同，而且这些不良情绪还容易被泛化，烧到同事身上，不知不觉地破坏了和谐的工作环境，你也成为职场上不折不扣的“环境污染源”。

在某广告设计公司工作的姜小姐最近一直很烦恼，她觉得自己的情绪和工作激情远远没有刚入职时那样好。开始还以为这与最近一段时间工作压力过大有关，但是后来思来想去才醒悟过来，原来一直困扰她的症结是她的同事小梅。她与小梅同在设计部门工作，而且两人毕业于同一所高校，私下里交往会频繁一些。

小梅是一个很情绪化的人，平时和姜小姐在一起，常会时不时地吐出这样的牢骚话，“早晨坐公交真拥挤，路上还得站一个多小时，唉，这么辛苦的差事，真想辞职算了”，“某某公司福利比咱们强多了”，“加班真累啊，我一定要在三年之内当上全职太太”。刚开始时，姜小姐对此还不以为然，可是时间久了，碍于校友的关系，对她的牢骚话也是左耳听右耳出。

像小梅这样的问题，在心理学上被称为不良情绪传染综合征。这种人做事情时喜欢以自我为中心，总想让他人与自己的喜怒哀乐“同步”。如果她今天遇到什么开心的事，心情非常愉快的话，也希望周围的人跟着自己高兴；但是如果她今天遇到什么不顺心的事，就见不得身边的人流露出一点快乐的情绪。所以，姜小姐也会不自觉地被她的坏情绪所感染。

美国社会心理学家马斯洛发现，在办公室中，男同事与女同事发牢骚的形式有很大不同。男同事往往习惯于就事论事，而女同事则更喜欢由点及面，赌气地说出最为严重的结果。因此，女同事说辞职、跳槽的几率比男同事高得多,虽说她们有可能一辈子都不愿意离开公司,但是这种做法却在无意中给领导和同事留下了“她对公司缺乏忠诚,可能过不了多久就要走人”的印象。

其实,小梅的这种反应属于一种轻微的心理障碍,但却是非常值得每一位职场人士都注意的“常见病”。要知道,办公室里的坏情绪和细菌病毒一样具有很强的传染性,而且它的危害要比环境污染要严重得多,传染的速度也非常快。

美国洛杉矶大学医学院的心理学教授加利·斯梅尔曾做过这样一个心理学实验:他安排一个性格乐观开朗的人与一位终日抑郁寡欢的人同处一室。结果,不到半个小时,这个原本性格乐观的人也开始长吁短叹起来。后来,这位教授经过进一步的实验证明:不良情绪在人群中的传染只需要 20 分钟。

看到这里,或许又有人要发牢骚了:职场中难免会遇到一些不顺心的事情,牢骚就是员工的影子。我也知道,这种情绪不但对自己工作不利,还会影响整个团队工作的积极性。那么,我又该如何正确解决不良情绪传染问题呢?

有对比才会有发现。下面就让我们一起看看那些有着快乐心态的职场人士是如何处理自己的不良情绪,并让与之共事的人也倍感愉快的。

在某大型商业城上班的小英,平时总是笑面迎人。刚入职时,干的尽是一些琐碎的活儿,而且还经常加班。可是,公司里几乎每个同事都很喜欢她,主管对她的工作评价也很高。每次在楼梯口碰面,都能听到她轻快地跟你打招呼;每当有同事需要请假顶班的,第一时间想到的人往往就是她;有些同事家里或工作上遇到困难,她也是一个很好的聆听者。一次同事聊天,大家就问她:“难道你就没有不顺心的时候?”小英笑嘻嘻地挠挠头说:“还真是没有印象啊!”大家又追问有什么秘诀没有,小英就接着说:“以前,我也是个爱发脾气、闹情绪的人,工作弄得拖拖拉拉不说，让周围的同事也跟着你累。可是，后来我发现，无论你烦不烦，活儿最后还是要干的，那为什么不看开一点呢？所以，每当遇事烦躁时，我都尽量用这个想法劝慰自己，然后尽量把工作做好。”

“无论你烦不烦，活儿最后还是要干的，那为什么不看开一点呢？”这就是小英遇到阻碍时的经验所得，也是她消除烦恼的一个独特的“杀手锏”。

化解心理焦虑、缓解心理压力并不需要你天生就是一个“开心果”，有时，学会享受集体的欢乐时光，在轻松愉悦的氛围中维系团队凝聚力也不失为一种可行之策。

杨斌是某公司项目部的执行经理，可是最近工作量大、人手不够、下属不配合、预算审批没有通过这些问题迟迟得不到解决，就在大家为此事而满腹牢骚的时候，处于“夹心”管理层的杨斌却放下闷闷不乐的情绪，找到了一条缓和气氛、化解焦虑、宣泄压力的好渠道。

有一次，杨斌发现一些搞笑的小学生造句的帖子，就把它群发到各个组员的邮箱，弄得平地一声雷——办公室顿时狂笑声不断。从之以后，搞笑逐渐成为职场生活中不可或缺的生活元素，只要发现有趣的帖子、视频、漫画，就会网上邮件群发，手机蓝牙传播，大家玩得不亦乐乎，怨气也渐渐消退了。

身在职场，谁都难免会有这样那样的坏情绪，要想“消化”这些不良情绪，不是把自己的坏情绪传染给他人，也不是盲目怪罪他人“惹”你，唯有不断提高自身修养，在工作中增强自己的群体观念和团队意识，才不会有迈不过的难关。

7 换个角度看问题，化解团队人际冲突

身在职场，同事之间难免会摩擦出一些火药味，如果这种人际关系冲突处理不当，不仅当事人双方日后都会感觉不自在，而产生“此处不留爷、自有留爷处”的冲动，而且整个团队的合作精神也会因此而土崩瓦解。俗话说“抬头不见低头见”，同事们之间的工作还要相互协调，团队目标还需要共同的努力才能实现。那么，我们又该如何化解团队人际冲突的矛盾呢？

也许你会说我国传统“以和为贵，以和谐为美”的中庸思想不是早就为我们点出其中迷津了吗，那么，这一观念当然也是化解团队人际冲突的温润土壤。因此，很多人常会陷入这样一个误区：但凡职场人际关系不好的人才会发生矛盾冲突，但现实情况果真如此吗？

比如有同事说这个设计方案比较可行，你却当即否定说：“这个方案太没有创意了。”有同事说某明星长得一点女人味儿都没有，你会立马反驳说：“你怎么看问题啊，人家不就是嫁了个有钱老公，至于这么嫉妒吗？”又如，你对某同事说：“要创造人生美好的未来，就应该多努力。”他反倒会对你说：“人生来也匆匆、去也匆匆，佛家说‘色即是空’！连这个道理你都不明白？真是天真幼稚啊。”

其实，职场中这样的人比比皆是，遇到这种处境无论你想什么办法，沟通都是会遇到障碍。那么，既然谁都知道满壶的水是灌不进去的这个道理，可是人们为何总要这样去做呢？

要知道，人与人之间存在着个性差异，谁都有自己的看法，人际关系冲突也就成了不可避免的事情。而且事物是多面性的，我们往往习惯于站在自己的角度看问题，这就如同盲人摸象，每个人都为自己摸到的东西

而兴奋不已，并且对于自己的判断是那么的肯定，根本容不下别人的看法，甚至还会为捍卫自己的观点而翻脸不认人。

所以，以后但凡遇到类似问题，我们不妨多问一问自己：我是不是觉得自己很与众不同？是不是觉得自己的观点总是比别人更独到？是不是总喜欢否定别人？如果答案是“是”的话，不妨学会站在别人的角度来看自己，要知道，在别人眼里你只是一个普通同事，平平常常上班下班，又和所有普通人一样为加班、薪资的事情而抱怨不休。这就好比当我们仰望天空时，总觉得地球是特别的，而太阳、月亮、星星都绕着地球转。而当我们在太空看这一切时，你才会发现地球只是宇宙中的一粒尘埃而已。你也不妨心平气和地听听不同人的声音，也许你会发现，这个世界恰恰因为不同的声音和色彩才会那么的美丽。

可是职场中，我们又常会遇到这样一类人，他们会在没有什么先兆的情况下，就向我们发出杀伤力极大的“攻击”，其实，很多时候，只要我们变换一下角度，就会发现这样的“攻击”并非敌意，只是发出“攻击”的人在向我们传递某种讯息、表达某种需要而已。

周一早上公司开例会时，主管要求大家就某个计划发表一下自己的意见。当周围人对此方案都点头称好的时候，陈波却提出了自己不一样的看法，可是还没等他把话讲完，就听见计划设计者不阴不阳地说：“我觉得这样的讨论不应该让什么人都参加，有的人才来几天，就想冒充专家了！”听到这样的话，陈波一时语塞，想不通自己为什么就事论事还会遭到同事这样的攻击。

职场中，几乎所有员工都可能遭遇过类似“想不通“的事情，本来没打算跟别人对立，可是对方却偏偏站在我们的对立面，向我们“乱放冷箭”。这种时候，有的人会选择敬而远之地回避；有的人看不惯这种强悍又无礼的态度，于是摆出一副以牙还牙的阵势去回击。无论你选择如何应对，在以后的工作中，彼此之间肯定会很难再建立起轻松正常的同事关系，而且事业发展也会磕磕绊绊。

然而，多数情况却并非如此，在他们强悍的外表下，其实有着比别人更脆弱的心灵。我们不妨换个角度想一想：脆弱而敏感的他们并不是真的想要攻击谁、伤害谁，而是因为他们比我们更怕受伤害，所以在感觉威胁来临时，才会用"攻击"来防卫自己。所以说，要想化解这种团队中的人际冲突，最佳办法不是回避或是反击，而是理解和包容。

所以，每一位职场人士都要谨记这样一句话：他人是你的同事，你也是他人的同事。尊重别人就是尊重自己，接受别人就是接受自己。学会换一个角度看问题，团队人际冲突自然会轻而易举地化解掉！

8 打造你的职场认同感

每到年终，每一个在职场打拼的人都会满怀欣喜地期望着评优、加薪、升迁，可是往往很多时候，这些美事却偏偏离你那么遥远，意气用事者甚至还会动了跳槽的底线。原因到底何故？其实，身在职场，除了要亮出你响当当的工作业绩之外，工作中的一些细节是否能取得大家的认同也很重要，领悟到这些，精心打造你的职场认同感，才能游刃有余地驰骋于职场江湖。看看下文介绍的几个招数，你就会有所醒悟。

1.**会说话让你在职场中更讨巧。**俗话说得好：会干的不如会说的。这是至理名言，也是混迹职场的首要准则。有时候往往一句话就能让你平步青云，也可能因为一句话而断送了你的前程。

马哲的创意得到了上司和客户的一致美评，还因此收获了一笔数额可观的报酬。作为同时入职又在同一部门共事的田刚心里却有说不出的滋味。看着自己加班熬夜设计出的方案不被采纳，顿生一种失落感，搞得他彻夜难眠，甚至还心生妒忌。但是在公司例会上，田刚还是极力夸奖马哲的主意真不错，私下里也是继续和马哲保持着合作互助的同事关系，一切以公司利益为重，不掺杂任何私心杂念，他的这一表现也赢得了公司老板的赏识，几次大项目也放心地交给他管理。

打造职场的认同感，就要学会如何在明争暗斗的氛围中，主动去欣赏别人，这样做不仅能展现自己的职业素养，而且还能给上司留下本性善良、富有团队精神的印象，从而给你更多的信任和发展机会。

不过也有一种人，说话从来都不讲究分寸，“言多必失”也好，“祸从口出”也罢，最终很有可能因此而惹祸上身。

小婷这个人是天生的“泄气因子”，对工作中的事情总有“鸡蛋里面挑骨头”的态度，不是把别人的缺点当做自己的谈资，就是把对公司的不满意当做宣传、标榜自己的工具。不可否认，职场中偶尔诉一诉苦多少能够缓解一下工作压力，但是一味喋喋不休地抱怨反倒会让身边的人苦不堪言。而且这样的员工即使工作再努力、业绩再出众，也是老板最终要炒掉的人。

职场中像小婷这样的人不少见，可是，要想成为一个成熟的职场人士，必须克服自己的牢骚心理，不要总以为人人都愿意听你的絮絮叨叨。要知道，病从口入、祸从口出，说话多悠着点才是上上策。如果把这种“认真劲”表现在点滴工作中，或许还能做出一番业绩。

2. **正确认识办公室的“帮派”。**你的公司有帮派吗？你属于哪个帮派？办公室的“帮派”也许就是小打小闹的小团体，学会站对位置，办公室的那点事才不会让你头疼不已。

周静在一家事业单位上班，入职一个多月工作做得顺利又开心。但是，最近周静发现原来公司很多人是分一小帮一小帮的，不是中午聚在一起进餐，就是周末相约外出游玩，这让她觉得很不舒服，做事情也总是三心二意，工作表现大不如从前。

周静也常用“难得糊涂”来开导自己，在复杂的帮派面前，是不是适时糊涂些为妙呢？但是转念又想，一旦自己远离了任何小团体，那样会不会让人觉得你是个格格不入的人呢？总之，这件事情把她的心情搞得糟透了。

许多职场人士认为，能否成为帮派中的一员，对其职业发展有着不可低估的影响。的确，如果因为被帮派排挤在外而无法把工作做好的话，这无疑会挫伤工作积极、打击自信心。而要想加入一个已形成的圈子也非完全不可行。你可以约帮派的主要成员一起吃午餐，偶尔和他们外出休闲，但是请务必记住，不要表现得太急不可耐，否则你会一无所得。但是单位越大，人际关系也越复杂，这种情况应尽可能对各种帮派冷眼旁观，避免卷入不良的派系斗争中。如果你已成为帮派的一员，并感觉到自己的工作因此而受了影响，那么与其保持距离则是十分必要的。

3. **衣着要得体。**在办公室工作，完全不同于户外游玩或居家休闲，合理衣着不仅是你的第二张名片，利用好你的外在形象还能帮你快速融入团队，享受融入团队带来的终极幸福。

初到公司上班的冰冰浓妆艳抹，同事看到这样的行头，心中不免会有质疑："看看她，像什么来头？"老板对你的第一形象也会打个问号："她的性格是不是也这样嚣张？""她能不能专注工作而不开小差？"

菲菲原本是一个高级品牌时装的业务助理，这个牌子的套装就是她们的工作服。后来她被另一家服装公司聘为业务主管，细心的她发现只有老总才穿这类牌子的衣服。于是，她小心翼翼地收好那套精美的套装，换了一身简朴的衣服。

初来乍到的冰冰要想和同事建立好关系，不能穿得剑拔弩张，应该用温和不刺激的方式，让同事渐渐感觉到你的与众不同，这样才不会给他人带来威胁，也能顺利地为自己打开局面。如果你已是副总，效法总经理的穿着当然无可厚非，但是像菲菲这样还处于基层主管位置的话，上班身着名牌套装，看起来比老总还有派头，想必不等上司开口，同事们就会窃窃私语、投来异样的目光。

4. **积极应对同事竞争压力。**职场与同事的竞争是不可避免的，抓住与同事公平竞争的机会，本着谦让、豁达的心态总能收获理想的果实。

从事广告创意的贾先生靠自身实力赢得了上司赏识和同事认可，晋升部门经理、率领一帮团队是迟早的事。可是，就在这个时候，公司高层却决定高薪挖一名业内精英杜先生。后来，杜先生顺利进入部门，很快就熟悉了公司环境，并利用现有资源做出了相当出色的业绩。这时候，公司上上下下都知道，这两位高人将角逐部门经理的人选。

贾先生对此也颇多感触：自己多年的奋斗和拼搏将面临强大的挑战。如何应战？如何取胜？若是败了，又该如何应对？太多太多的问题让他困扰万分。

虽说贾先生和杜先生都是业务出色的精英人才，但是，很显然贾先生在同事中有普遍威信，他应该充分利用和发挥这个优势。贾先生还应该认真思考一下，既然自己在业务和领导能力上已具备主管资格，为何公司还要安排这样的 PK。反省自己的不足，多和领导沟通，在这种高压力、高强度的竞争氛围中，自身能力也会得到锻炼。但是，有一点要强调的是，在竞争上岗的过程中，要注意方式方法，不要把关系搞僵，人在职场，又怎么能不给自己留条后路呢？

第八章　坚守岗位，提高能力才是硬道理

有些人，当工作一出现问题或者遇到比较难解决的问题时，就会产生退缩或者逃避的想法，于是就想到了跳槽。事实上，这些问题也许并没有想象的那么难，只说明你在某一方面的能力还有所欠缺。其实，只要你能转变思维，时刻注意为自己“充电”，提高自己的能力，就能重新盘活自己的工作，跳槽之事自然搁置不谈。

1 给自己一个清晰的目标激励

当今社会，好多刚刚走出象牙塔的年轻人总是怀着羡慕、嫉妒的心情看待那些取得成功的人，工作中稍微遇到点磕磕碰碰，就把埋怨统统归结到怀才不遇、时运不佳这些外在因素，遇到这种情况，很多人总会不屑一顾地说："留得青山在，不愁没柴烧，此处遇不到伯乐，干脆跳槽了事，给自己一个选择不也是条出路吗？"

殊不知，就算你费尽周折找到理想的"东家"，但是如果你没有搞明白一个问题，成功终究不会眷顾于你。这其中缘由之一就是你是不是意识到成功者和失败者之间的最大区别就在于是否拥有清晰地目标。

目标对于成功者，就如空气对于生命的意义，不可缺少。一个人有了明确的奋斗目标，也就产生了前进的动力。当你怀揣着明确的目标去工作的时候，对事情的专注度和热情也会随之提高，而且行动有了目标的指引，做事情会更有积极性和创造性，也许在这个过程中，你还会惊奇地发现，自己不再被平日里那些烦琐的职场世故而干扰，干什么事都显得成竹在胸。可以说，有什么样的目标，就会有什么样的人生。

哈佛大学曾对目标对于人生到底有何影响专门做过这样一个调查。该调查选取了一群智力、学历、环境等各方面条件差不多的年轻人，通过相关调查，结果发现：在这些人当中，27%的人没有一个明确的目标；60%的人对自己的奋斗目标比较模糊；10%的人虽说对自己将来要做什么比较清楚，但是他们的目标仅局限在短时期内；而仅有3%的人有一个明确且长远的目标。

这项调查到此还没有结束，在接下来的25年，调查人员继续进行跟踪研究，结果显示，那些目标清晰、明确又长远的人，在25年来始终朝着一个方向做着不懈的努力，即便事业遇到挫折，都未曾改变他们当初为自己的人生设下的坚定目标。事实也再次证明，这些人在25年后，几乎个个都成为社会各界的顶尖成功人士。那些占10%有清晰短期目标的人，大多生活在社会的中上层，他们的生活状态稳步上升，是各行各业中不可缺少的专业人士，如律师、医生、工程师、高级主管。而占一半多的目标模糊者，大多生活在社会的中下层，过着朝九晚五、安安稳稳的日子，在事业上也没有什么特别的成绩。最后剩下的27%，就是这25年来没有任何奋斗目标的人群，他们几乎都生活在社会的最底层，生活多半是在抱怨他人、抱怨社会、抱怨世界中度过。

漫漫人生路，弹指一挥间，为了让自己拥有更高更美丽的人生境界，何不多问问自己：我要过怎样的人生？我要成为怎样的人？我现在又该如何去做？而不是动不动就抱着“工作不顺心，跳槽是首选”的态度去对待工作。选择一个清晰的职业目标，直接关系到人生事业的成功与失败。

一位记者采访罗斯福总统夫人时，曾问过这样一句话：“尊敬的总统夫人，你能给那些渴求成功，特别是刚刚走出校门的年轻人一些建议吗？”

总统夫人先是谦虚地摇摇头，接着说道：“先生，你的提问倒让我想起我年轻时的一件事：那时，我在本宁顿学院念书，打算边学习边在电讯业找份工作。之后，在父亲的帮助下，当时任美国无线电公司董事长的萨尔洛夫将军给了我一次机会”。

“当我见到萨尔洛夫将军时，他直截了当地问我想找一份什么样的工作，具体哪一个工种，希望取得什么样的成就。当时我的想法是他手下的公司任何工种我都很感兴趣，便对他说，随便哪份工作都行！当时将军停下手中忙碌的工作，表情严肃地说道，年轻人，世上没有一种工作叫‘随便’，成功的道路是目标铺成的！”

只有确立了前进的目标，做事情才会最大可能地发挥自己的潜力。而且在实现目标的过程中，我们才能发挥出自己的创造性，调动心里那些优异、独特的品质，这才是锻炼自己、造就自己的必经之路。

相反，那些做事情目标不明确的人，思维总会乱成一团麻，分不清主次轻重，遇事犹豫不决，不知道自己该干什么，不该干什么。这样的人就像一艘轮船没有舵一样，只能随波逐流，无法掌握自己的命运，最终搁浅在失败、绝望的海滩上。

美国财务顾问协会的前总裁刘易斯·沃克在接受记者采访时，曾这样说过："影响一个人无法成功的因素就是模糊不清的目标。"他进一步解释说："刚才我问你，你的目标是什么？你说希望有一天可以拥有一栋别墅，这就是一个模糊不清的目标。模糊在哪里呢？就在这个'有一天'，'有一天'是哪一天？不够明确，因为你对这个不确定，所以，成功的机会也就不大。"

由此看来，对于那些刚刚融入工作环境的"职场新人"来说，有必要认清一个事实，我想要做什么，能够做什么，希望取得什么样的成就，回答清楚这些问题再脚踏实地地走下去也不晚，而不是一看到梦想与自己遥遥无期就潇洒走人，对己是种损失，对公司也是一种不负责的态度。而对于那些在一个岗位上已经做得轻车熟路的"职场老手"，也不能因一时意气用事而稀里糊涂地说跳就跳，人生不如意之事本来就十有八九，更何况工作呢？随时找找自身存在的问题，给自己定个明确的目标，才能挖掘出你巨大的内在潜能。

2 学习就是你的"金刚钻"

人就好比一台机器，面对不断出现的新问题，自身的知识结构和经验也在逐渐走向老化和衰退，而要想发挥这台机器的最佳效能，就得不时地为它加油加水，否则就会逐渐失去它的功用而被淘汰掉。而且竞争激烈的人才市场也在时刻提醒着每位职场人，要不断地自我增值，如果你停下来，就会像耗损的电池一样失去了应用价值。

无论你是初出茅庐的“职场新人”，还是已经工作多年的老手，都要记得常给自己充充电，只有不断充电才能让自己更具竞争力，在职场江湖上“稳坐江山”，让自己在职业发展道路上越走越顺。

刚进公司时，郭涛只是一名普通的业务员，主要工作就是跑领导分配下来的客户。这些事情也同样分配给与郭涛同时入职的其他同事。开始时，所有人都干劲十足，可是没过多久，身边不少同事便“身在曹营心在汉”，不是对眼前的工作马马虎虎，就是一心想着跳槽，原因不外乎“不是理想中的职业、工作辛苦、工作环境差、薪资待遇低”等。

可是郭涛的工作态度却始终像第一天上班那样：碰到自己解决不了的问题，他会主动上网查阅资料；遇到行不通的方案，他会先查明原因，再找出更好的解决办法；技能有欠缺而影响职业发展时，他会利用业务时间为自己“充电”，而且还努力学以致用，让知识真正变为解决现实问题的工具。两年后，郭涛就被提升为业务经理。

在公司的一次会议上，轮到郭涛发言时，他一语点破自己之所以有今天业绩的原因，那是因为他始终坚信：工作的过程就是一个学习的过程，多留心、多参与就能学得更多，走得更远。

的确如此，一个人在学校里所学知识只占人生知识结构的5%，而且理论和实践总会存在一定的差距，如何将书本知识转化为现实效益，很大程度上就得靠实践和不断的自我充电。郭涛的例子再次告诉我们，一个职场人士只要有了学习的意识和心态，并能积极地把所学知识运用到工作中的每个环节、每个细节，就是通向了个人职业目标的正轨。

虽说，很多人也明白不断充电、不断吸收新东西的过程就是自我不断进步的过程，但是合适行动才好呢？当你感觉工作压力大、危机感强烈、晋升有障碍或是能力不足以应付工作的时候，就要考虑是否要给自己充充电了。

进入职场快三年的设计总监小韩对此深有体会。一次，老板给他安排一个任务，就是用SWOT分析法做一份报告，听到这个生疏的词，当时他就傻眼了，对于什么是SWOT分析法是一无所知，于是赶紧就去问老板。“当时老板一脸惊奇地看着我，让我去问我的下属。”果然，下属里好多同事由于都读过MBA，对于SWOT分析法了如指掌。当时，小韩的第一反应就是惭愧，于是，暗下决心一定要好好补课。

下班后他就直奔书店，把MBA所需课程一本不落地全部买来，花了几个月的业余时间全部读完。小韩认为，经过这几个月的努力，他最大的收获就是拓宽了知识面、学习了新理论，掌握了思考和分析问题的方法，而且技能也有所提高，在实际工作中，不仅此类问题可以得心应手地解决，而且难度更大的问题也能应付自如，稳如泰山地坐着他设计总监的位置。

韩总监的例子再次给我们敲响了警钟：在职业发展的过程中，面对困惑、瓶颈、危机感，我们的第一反应应该是正视自己的不足，看到差距在哪里，并有竞争意识地去思考如何弥补这些差距，尤其是高层岗位更需要不断地学习充电来跟上时代发展的步伐。而且一项调查资料也已证明，一个人的知识会随着市场的变化以每年7%～9%的比例流失或淘汰，所以说，在这个就业压力越来越大的社会，每一位职场人士都要及时“充电”来提升自己的竞争力，而不能一遇到什么坎儿就想到跳槽，毕竟频繁更换岗位对自己的职业发展也是不利的。

然而现实生活中，乱充电、充错电的现象并不少见，不仅浪费了金钱成本和精力成本，严重的甚至还会让自己的职业生涯陷入窘境。所以，在你开始充电前一定要注意下面三个相关：一是时间相关，就是在适当的时间段，获取有利于自身发展的技能；二是技能相关，即充电内容要与自身职位与职能要符；三是市场认可相关，就是在挑选培训机构或培训学校时，要注重其知名度和所开设专业与市场认可的结合度。

而且另一方面，学到的知识如何学以致用，充足的电如何恰到好处地释放出来也是大家要思考的问题。最理想的办法就是要善于将学到的思路和方法用于实际工作当中，只有不断地经历从学习、实践、思考到再实践这一循环反复的过程，所学到的东西才能真正成为自己的本领，从而让自己在激烈的市场竞争中永不贬值。

3 “低头拉车”，还要“抬头看路”

毛泽东曾说过这样一句说：“不能只低头拉车，不抬头看路。”凡大成就者，皆低头拉车又抬头看路。可是很多跃跃欲“跳”的人往往没有清醒地认识到这一点，而是把更多的精力和时间投入到“低头拉车”上，而忘了在这个过程中，“抬头看路”也有着同样重要的作用。

工作中，我们常会看到这样一些职场人士，他们做起事情来一丝不苟、讲求实效，属于典型的“低头拉车”型员工。事实上，每位员工在企业中都有他需要拉的“车”，而且在市场竞争如此激烈的社会，每个人要拉的“车”又都是那么沉甸甸的。可是，这类人工作一辈子的目标就是奋力“低头拉车”，到头来甚至连自己怎么被淘汰出局都搞不清楚。

28岁的马克是某IT公司业务行销部的高级业务代表，在这个部门已经整整做了四年，别人都说他是“慢热型”的，虽说几个月下来才谈了一个单，但是生意成交通常是靠常年累月与顾客建立的良好关系，业绩也还算不错。可是近几年年终绩效考核结果总是不如意，除了第一年得了个“良”之外，之后几年的考核结果都是不好不坏的“中”，而且在每年的考核表上上司都会写上这样一句评语：工作认真踏实。对此，马克自己是这样分析的：也许是因为我性格比较内向的缘故吧，而且平时又不在总部工作，与上司、同事的联络往往都是电话或MSN，赶上出差的话，有时一年也见不上几次面，所以我的圈子也仅限于本部门的熟人。

可是，最近马克收到总公司人事部门发来的一封E-mail，意思是取消了他两周带薪休假计划。知道这个消息后，马克很困惑，难道这就是同事诺克曾经多次提醒过我，“别只会埋头干活，也要学会适当‘邀功’，提高自己的能见度！”意气用事之下，马克向人事部递上了辞呈。

毫无疑问，马克是个典型的只顾奋力“低头拉车”的员工，但是他万万没有想到的是，恰恰是这“埋头拉车、不抬头看路”给他的职场之路埋下了一颗定时炸弹。尽管玩转办公室政治游戏，不提倡“自吹自擂”，哗众取宠也不足取，但是适当提高自己的“能见度”，让别人知道并认可你的业绩，这也算是做个人公关吧。马克之所以败就败在没有意识到这一点，最后更是意气用事，自己切断了自己的大好前程。

同样是性格比较内向的员工，凯蒂也有自己的困惑。凯蒂回忆说，“以往每每见到大老板，我都习惯绕道走。一次，我在电梯里与大老板偶遇，他居然叫不上我的名字，而我们公司员工并不多，每天与老板也是抬头不见低头见，可是为何老板就能一下子叫上其他员工的名字呢？后来，我再三分析，认为问题还是出在自己身上。于是，我开始尝试着做一些改变。比方说，在每周例会上，我会主动发言，一改以往在人多的场合下一说话就脸红的毛病，后来锻炼的机会多了，这个问题也就慢慢克服掉了。还有一次，大老板要来旁听我们的策划会，我用了比以往更多的时间和精力去准备，结果不仅我的方案顺利通过，而且让大老板终于记住了我的名字。”

凯蒂是个聪明的员工，因为当她职业发展道路遇到瓶颈的时候，发现问题的症结就在于光知道“低头拉车”了，而在竞争如此激烈的职场，这是万万行不通的。只有主动积极地认识自己的不足，并加以弥补，这样才能渐渐提升自我能力，在老板心中也会留下一个不错的印象。

如果你也属于这种个性内敛、不习惯自我推销的职场人士，在兢兢业业奋斗的时候，有时请别人从客观角度助你一臂之力，再不露痕迹地让上司注意到你的才干与成绩，有时往往会取得意想不到的效果。

销售助理小崔刚进公司的时候，由于公司成立时间还不算长，所以客户管理基础比较薄弱。在一次与IT部门的例行会议上，小崔提议做一个CRM客户管理系统，这个建议当即得到不少销售经理的支持。但是IT部经理则以项目多为由投了反对票，而公司总经理也以公司人手少、开发成本高为由而没有表态。

可是，小崔在这个问题上并没有放弃，他私底下和IT部门进行了多次沟通，并提出了很多合理化的建议，IT部门也如实相告，现在公司客户数据管理的确比较混乱，万一数据泄露，对公司和个人发展都不利。最终，在几方的共同努力下，公司的CRM系统终于顺利出炉了，而且可喜的是销售业绩自此也有了很大改观。为此，小崔还被提升为销售部的部门经理。

小崔的职场路线告诉职场人士这样一个道理：在工作中不要步履匆匆地埋头苦干，在你只知道低头往前冲的时候，何不以一种间接、自然的方式表彰一下自己的功劳，而且这种方式出发点并不功利，反倒更自然，最重要的是，付出的时间和辛苦往往会给你翻倍的回报。

4　丢掉幻想，努力工作

职业生涯的发展需要一个漫长的过程，绝非一夜梦想就能实现的事。世上没有不劳而获的事，你付出多少就会得到多少。在追求职业梦想的过程中，千万不要低估日积月累的努力，这些不起眼的努力最终会像涓涓细流一样，汇聚成势不可挡的汹涌浪潮。

可是职场很多员工都带着“我是人才”的想法，总觉得自己不一样，比较特别。一旦不被赏识，他们就会怨天尤人。其实，他们不明白，职场现实之一就是：**你是不是人才并不重要，重要的是是不是有人愿意用你。有人愿意用你，你才是人才；如果没人愿意用你，你什么都不是。**

小齐毕业于某重点大学，在校时是公认的优秀学生。刚刚工作那会儿，也是怀着志当存高远的梦想规划着自己的美好蓝图，可是在实现梦想的道路上，从来都没有踏踏实实地行动下去，而是一味地幻想世界上有伯乐来相马，幻想有人会给千里马特别的待遇。而他身边的同学、朋友，不是升了主管、副总，就是创业成功自己当了老板。看到这些，小齐自己不免有些怅然若失，是跳槽另谋出路？还是继续在现在这个位置上“当一天和尚撞一天钟”？

困惑小齐的缘由就在于他的幻想，虽说在某种程度上，幻想可以成为工作中动力、动机和激情的力量来源。可是心存幻想的人往往是永远不会获得想要的结果的，可到头来，只会与失败越走越近。

而且现实的普遍规律则是，不管你认为自己有什么过人之处，其实在社会眼里，你都没有什么特别之处。从你踏入职场的那刻起，就像普通人那样，按部就班地找份工作，勤勤恳恳地在社会阶梯中往上爬。如果你真是有过人之处，那就用事实来证明自己的价值。如果你认为自己是成功的，那就拿成功的事例来证明你的成功吧。

所以，从现在开始就放下“我是人才”、“伯乐来识我”的幻想吧，在职业发展的道路上，主动一点，努力一点，让自己对企业有用才是正道。

李莉在担任办公室文秘的时候，有一项工作就是帮总经理报销所有的票据。开始时，她也想过：让我一个堂堂本科生，而且门门功课得A的人处理这些琐碎的事情，真没有成就感，而且天天做这个，什么时候才能实现我经理助理的梦想啊。

可是李莉懊恼归懊恼，但是她在实现梦想的道路上从未放弃过追求。李莉发现，在这些看起来没有任何意义的数据中，其实记录了和总经理乃至整个公司营运有关的费用情况。于是，她精心建立了一个表格，将所有总经理在她这里报销的数据按时间、数额、消费场所、联系人、电话等内容一一记录下来。通过这份数据统计，李莉渐渐发现总结出一些上级在商务活动中的规律，比如哪类商务活动适宜在什么样场合举行，费用预算大概是多少……之后，每每有上级给她布置工作的时候，李莉都能处理得很妥贴。有些信息是经理根本没有告诉过她的，也能及时准确地处理。

事实也证明，李莉基于这种良性积累，办公室中许多重要的工作都交待给她办理，而且与领导之间也建立了很好的信任和默契，在她升职的时候，经理还赞赏地说，“你是我用过的最好的助理。”

读完这个小故事你有什么感想？是不是看到了脚踏实地、努力工作的重要性？其实，一个有梦想的人只要不怕辛苦，默默地在自己脚下多垫些“砖头”，就一定能够看到自己渴望看到的风景，摘到挂在高处诱人的果实。在职场之路上，把眼光放得长远一点，把自身知识积累得丰富一点，自然会有水到渠成的一天。

除了上面这类爱幻想的怀才不遇的员工，职场中还有这样一些人，总是抱着“别处的月亮要圆一些”的幻想，一旦工作中有不满意就会想到一跳了之。

林秀是个典型的上班族，眼前她正打算着过了年跳槽的事。对于现在的公司，她最大的不满就是老板太厉害，而且工作上总有没完没了的事情要做。另外，她在单位的人际关系也搞得比较僵，早就想找一个人际关系相对单纯一些的环境清静清静。可是，眼看要到年根了，林秀又突然变得反复无常起来。想想看，在这之前的五年，自己跳槽无数，都三十而立的人了，还找不到一份像样的工作，她也一直很困惑这到底是因为什么。

职场中类似林秀这样的员工，总是幻想换一个环境，待遇会好一点，职位会高一点，公司会规范一点，人际关系会简单一点。不过，不客气说，这种一换则一切皆好的想法纯属幻想。即便眼前麻烦解决了，还会滋生出其他问题。

所以，当你对现状不满时，先要按捺住自己的心情，做个客观的评估。

不妨问问自己:我到底要干些什么?与上司、同事之间的尴尬关系,自己是不是也有责任?是否应该适当改变一下处事方式?如果你发现自己所处的环境在同行业中还是不错的,最好的办法就是调整心态积极面对,努力从自身找原因,把更多的精力和时间都投入到本职工作中,脚踏实地才能站稳脚跟。千万不要一遇到问题就抱着别处的月亮要圆一些,摆脱环境就可以摆脱困境的想法去面对问题,即使潇洒地跳了,也只是换汤不换药。

5 主动赢得先机

你是否有过这样的困扰:“经历很多,付出很多,失败很多,而成功却很少。”也许,这是很多职场人士都曾经历过的困惑,可是不少人在它们面前往往会说这样一句话:“我没有机遇。”事实上,不是没有机遇,而是他们在为自己找借口:“不是我要这样,是我没有机遇。”“不是我无能,是我没有机遇。”“不是我不努力,是我没有机遇。”正是这些借口,让很多人终日混迹于平庸之辈,让精力和时间荒废在“跳”与“不跳”之间。

曾有这样一句谚语:**“通往失败的路上,处处都是错失了的机会。而坐待幸运从前门进来的人,往往忽略了幸运也会从后窗进来。”**成功的机会不会白白落到你的身上,只有那些敢于冲锋、主动进攻的人才能抓住胜利的时机。而那些习惯守株待兔而不是主动出击的人,往往与机会失之交臂。可以说,机会从来都不是“等”来的,而是“抓”来的。

摩根出生于美国康涅狄格州哈特福的一个富商家庭。最初,摩根的祖父约瑟夫·摩根先是开了一家小咖啡馆,积累了一定资金后,又开了一家大旅馆,并做起了炒股票和保险业的生意。可以说,约瑟夫·摩根就是靠胆识发家的。

一次,纽约发生了一起大火,损失惨重。保险投资者惊惶失措,纷纷要求放弃自己的股份,以求不再负担火灾保险费。而约瑟夫思量再三决定买下全部股份，并把投保手续费大大提高。之后，他还清了纽约大火的赔偿金，让他的信誉倍增，虽说投保手续费增加了，投保者还是纷至沓来。这次投机不仅没有让约瑟夫有任何亏损，而且净赚了 15 万美元。恰恰就是这些钱，奠定了摩根家族的基业。

由此看来，机遇向来只钟情于积极主动的人，所以自己做好准备才是硬道理。其实，机遇对任何人都是公平的，正如美国成功学家奥里韩琦·马登所说："每一个人的一生都充满了机遇。"而关键则要看我们是不是一个有心人。

比尔·盖茨在他读研究生的时候，就对计算机非常感兴趣。他和同学保罗·艾伦通过长时间的收集资料、认真思考，相信在不久的将来，计算机必将走进千家万户。于是，盖茨和艾伦决定开办自己的计算机公司。但是，盖茨知道父母对自己的学业一直寄予厚望，担心自己因开办公司而荒废学业，会引起父母的不满，所以在办公司的事情上还是有些犹豫。这时，艾伦的一番话让他清醒地意识到不抉择就会失去这个绝好的机会。艾伦说："我们现在创办计算机公司的条件已经成熟，如果搁置下来，就会失去历史赋予我们的机遇，这会成为困扰我们的终生遗憾。"

于是，没过多久公司很快就成立了。但是与此同时，他们又面临着新的问题，那就是做硬件和做软件的选择。盖茨对计算机软件感兴趣，认为软件才是计算机的灵魂，而艾伦对计算机硬件情有独钟。很快，艾伦和盖茨就商量一致，放弃自己动手试制新型计算机的念头，因为生产计算机的花费实在太昂贵了，他们还没有足够的资金去冒这个险。而是紧紧抓住他们最熟悉的东西——计算机软件。事实也再次证明，在他们的英明抉择下，他们缔造了微软帝国，取得了空前的成功，也几乎成了所有年轻人的榜样。

可以说，盖茨和艾伦的成功就在于他们善于抓住机会。一个人要想成功，就应具有当机立断、把握机遇的能力，只要把形势审视清楚，做好周密的计划，就要勇敢果断地执行下去。

可是，在职场中我们常会遇到这样一些人，他们只知道机械地完成老板分配的任务，做事情不敢越雷池半步。对于这样的员工，老板也会毫不犹豫地将他们归入晋升范围之外，在职业发展的道路上，他们也会因此而时不时地冒出用跳槽来解决职业困惑的想法。在这类人身上，缺乏的就是一种主动精神。

一次乾隆皇帝微服私访，时逢二月二，皇帝也想借此机会剃个头，讨个吉利。于是，随从到当地一家有名的剃头棚请来一位师傅，对他说是给皇上剃头，当下就把他给吓得六神无主，没剃两下就在皇帝头上划了个口子，被拖出去砍了头。接下来的一个师傅也是因为同样的原因而白白地送了性命。乾隆皇帝为此气得大发雷霆，剃头棚的掌柜更是吓得魂不附体，慌忙溜到后院逃命去了。

这时剃头棚只剩一个十五六岁，外号“小怯勺”的小学徒。看到眼前这个情况，“小怯勺”没有丝毫怯懦，反倒是主动要求为乾隆剃头。就在随从把他带去见乾隆时，乾隆见还是个孩子，立马气不打一处来，正要斥责随从时，“小怯勺”却急忙给乾隆磕头道：“万岁爷，您别看我人小，手艺可是顶呱呱啊！师兄弟都叫我‘小神手’。”乾隆见这个小孩能说会道的，气也就消了一半。再一瞧模样，长得还算精神，于是，心里也就生了三分喜爱，答应让他来剃头。“小怯勺”由于平时基本功就扎实，干起活来自然心静手麻利，没一会儿工夫就剃好了，乾隆对此也是连声称赞。因此而更加赏识“小怯勺”的手艺、勇敢和能言善辩的口才，没过多久就封他为五品随驾官，专为自己理发。

小学徒之所以能过了天王老爷这一关，过硬的专业素质自然不可缺，但是如果他没有点主动的勇气和精神，别说把皇帝老爷的头发理好，就连身家性命也保不住。混迹职场江湖，无论你是初涉职场的新手，还是闯荡江湖多年的老手，这个理儿同样受用。

主动是一种值得称赞的品质，这种品质基于知识的积累、经验的总结，是需要厚积薄发的。所以说，在你每天茫然地上班、下班，被动地应付工作时，不妨多问一问自己，是不是将全部的主动性都投入到工作当中了，做到了这些，自然会在自己的岗位上做得得心应手，受到老板的青睐和赏识。

6　勤奋自立，用成绩证明自己

俗话说"人往高处走"，踏入职场，加薪、升职就成了我们的奋斗目标，可是如果职场员工总是抱着"不求有功，但求无过"的心态去做事情，职业生涯的前景怕是很难乐观，处于是"跳"还是"留"的两难境地。

要知道，职场就如生意场，人与人就是合作伙伴，相互交换价值。老板看重的不是你学历有多么高，成绩有多么好，而是要一上岗就能创造价值，带来效益，愿意贡献，能够胜任的员工。可以这么说，老板只为员工的"使用价值"买单，今天你为公司创造价值了，他就用你，明天你不能为公司创造价值了，他就不会用你。

所以，对于员工来说，最能证明你的工作能力，体现你个人价值的只有"成绩"二字。要知道，只有每位员工的个人价值得到了提升，公司的整体价值才能得到提升，而你自身价值也会随之水涨船高。

小赵和小吴毕业后同时被一家汽车销售店聘为销售员，同为新人，他们的表现却大相径庭。每每有顾客到场的时候，小赵就会跟在销售前辈的身后，留心前辈的销售技巧，对于自己陌生的关键术语更是不忘"好记性不如烂笔头"的道理。当卖场没有顾客的时候，也会安安静静地坐在一边翻看并掌握不同车款配置的相关资料。而小吴自打上班那天起，常常是掐算好时间上班；在老板踏进大门时，装出一副勤勤恳恳拿起刷子为车做清洁的样子。

一年过去了，小赵由于潜心钻研业务知识，并熟练掌握了销售技巧，他的付出终于得到了回报，不仅在同时入职的员工中销售业绩遥遥领先，而且在公司所有销售员业绩排名中也是名列前茅。于是，年底自然顺顺利利地被提升为高级销售顾问。而小吴却因为连续几个月业绩不达标，正琢磨着跳槽另谋出路呢！

毫无疑问，要想得到上司的重视，业绩这个硬件是万万不能忽视的。而一个总是把心思放在如何在领导面前包装自己，做事情如何投机取巧的员工，在激烈的职场竞争中往往因为缺少成绩的包装，会越来越没有发言权，最终不得不面临被逃淘汰出局的危机。

的确，许多员工也知道用突出业绩说话的重要性，但是要想让上司看到你的成绩，你的努力，还得学会适时地把它表现出来。

担任某投资公司客服主管的周燕对此问题是这样理解的：总结多年的工作经验，我发现做好会议准备也是一种沟通上司、表达想法、用成绩证明自己的典型方式。每当有会议要举办，哪怕只是10分钟的周例会，我也会做好充分的准备。把自己近一段时间在业务上的想法和存在的问题反馈给上司，并努力提出切实可行、有针对性的解决对策。要知道，开会的时候，上司的注意力往往比较集中，而且开会的目的就是要听取大家的想法和遇到的问题，你的发言不仅体现的是对公司业务发展的关注，更是展示个人能力的一个机会。

没错，上司作为公司的管理者、决策者，要有太多的事务去处理，对你的工作和表现往往不一定都能面面俱到地看在眼里。《大话西游》中唐僧的那句经典台词可谓道出了上司的心声："你不说我怎么知道?"所以，作为员工要学会利用一切机会证明自己，而职场中大大小小的会议就是一个不错的途径。除此之外，学会用客户口碑宣传自己也不失为一种证明自己、展现业绩的方法。

保险业务员韩晓前阵子接待了一位客户，这位客户在亲戚的推荐下，要指定购买韩晓销售的某项险种。韩晓经过分析认为，这个保险产品中的某些条款并不适合这位客户，于是她又根据这位客户的具体情况，为其推荐了一项更理想的险种。后来在一次客户联谊会上，这位客户在韩晓上司面前对韩晓认真负责的工作态度和专业的职业技能给予了很高的评价。为此，韩晓也得到了很多发展机会，自身职业能力也得到了进一步的提升。

从韩晓身上我们可以发现，员工工作做得出色与否不仅仅表现在你的销售量是不是做得一路攀升，同时在当今这样一个处处都在讲求人性的社会，你的主动式服务和细微化服务才是最终赢得市场、赢得顾客的关键因素所在。所以说，通过自己的行动在客户中建立一个良好的口碑，终究有一天会传到公司高层管理者的耳朵里。而且从这些人嘴里说出来的话，往往公司领导会给予足够的关注和重视。

7　遇到事情，马上行动

在职场生活中，遇到让人头疼的事情很多员工往往会这样处理：既然老板催得不急，干脆明天再处理吧；既然这个方案已经通过了，那些细枝末节的修改就搁到以后再说吧……如果你已经习惯了事事拖延，习惯了对待问题视而不见。那么，很遗憾地告诉你，在职业发展的道路上，你可能还是会原地踏步，甚至今天的位置说不准也会摇摇欲坠。

要知道，我们现在正处于一个高效率的社会，如何在最短时间内，消耗最少的资源，收获最大的收益才是我们最应思考的问题。正如比尔·盖茨曾说过的一句话："过去，只有适者能够生存；今天只有最快处理完事务的人能够生存。"所以我们常说遇到事情，马上行动才是一个高素质员工必备的好品质之一。而你如果不希望自己被淘汰出局，不希望自己被跳槽另谋出路这样的想法搞得昼夜难眠，就要时刻提醒自己：凡事贵在行动，现在就去做才是最重要的！在这个问题上，新东方的创始人俞敏洪的成功之道或许可以给我们一些启发。

毕业于北京大学的俞敏洪，在一次母校演讲中曾有这样一段精彩的发言："大家都获得了优异的成绩，我是我们班的落后同学。但是我想让同学们知道，我决不会放弃行动的脚步。你们五年干成的事情我干十年，你们十年干成的我干二十年，你们二十年干成的我干四十年"。

事实上，俞敏洪在校时的成绩排在全班最后几名，比他聪明的同学大有人在，但是，他并没有因此而放弃自己对梦想的追求。在他看来，能够到达金字塔顶端的只有两种动物，一是雄鹰，它凭借自己特有的天赋和翅膀，可以轻而易举地飞上去。而另外一种动物，也可以到达金字塔的顶端，那就是蜗牛。俞敏洪回忆说："我在北大的时候，直到今天，一直认为自己是一只蜗牛。但是我并没有丢掉蜗牛的本能，在自己的目标之路上一直不停地爬着。因为我坚信只要你在爬，就足以给自己留下令生命感动的日子。"

俞敏洪的感悟也是许多取得杰出成就之人的共同感悟。伟大的文学家莎士比亚曾说过：**"口头的推测不过是一些凭空的希望，实际行动才能产生决定的结果。"**法国思想家、文学家伏尔泰曾说："人生来是为行动的，就像火总向上腾，石头总是下落。对人来说，一无行动，也就等于他并不存在。"

的确如此，这个世界上从来就没有白来的午餐，也没有白流的汗。要想实现事业上的任何目标都得付出代价，而只要你朝着目标一步一步地迈进，在付出行动的过程中自然会收获喜悦和成就感。每位职场人士当你工作中遇到瓶颈、障碍的时候，不妨多学习学习《士兵突击》中的一句经典语录：想要和得到，中间还有两个字，那就是做到。凡事让行动说话，你只有做到，才能得到。

也许有人会反驳说，我也知道看准机会、明确目标就应该马上行动的道理，也曾试图让自己行动起来，但是适合别人的方法未必适合自己。那么，遇到这样的障碍，我该如何行动起来呢？

俗话说的好“万事开头难”，如果你现在下定决心开始行动，总比纹丝不动要强得多。也许目标的实现未必一开始你都能做到，为了让你的行动更有效，你可以试试下面的策略，只要坚持下去，你就会成为成功的行动派！

你可以在早晨起床后和晚上临睡前抽出短暂几分钟，重温一下心中的蓝图：再签下本月的一份订单；在周例会上做一次可以展示自我能力的精彩发言；把下个月的营销方案设计得完美无缺……如果你能够把这个习惯坚持下去，那么在你的潜意识里就会形成想要实现的目标的实际状态。这样做并非是在鼓励你做白日梦，其实，这样做可以不断激励你的大脑发挥实现目标的能力。

与此同时，如果你能够把心中所想和口头表述结合起来，并每天加以练习的话，那么持续一段时间，你就会惊奇地感觉到，自己对实现目标的自信心似乎变得愈发膨胀了。这是因为当你把心中所想和口头表述联系在一起的时候，可以进一步加深你对目标实际状态的印象。而且，在这一过程中，你还有可能发挥出连自己想都没想过的创造力，这对实现你的目标也是一个不小的帮助。

诚然人生机遇无数，但是我们能抓住的也许就那么几次。在职业发展的道路上，一万个愿望不如一个行动，马上行动起来，让自己忙起来，做该做的事，终究会走上事业的颠峰！

8　掌控好自己的工作时间

人的一生绝大部分时间都是在工作，时间对每个人来说都是公平的，不会多给你一秒，也不会少给你一秒。可是为何有的人在有限时间内，可以把工作按照预先计划完成得精彩漂亮，而有的人即便加班加点，还有忙不完的事，更有甚者还把工作做得一塌糊涂，心里免不了会生出这样的疑问："我到底适不适合这份工作？""我是不是该换一份可以应付自如的工作呢？"

如果你觉得自己也有这样的疑问，不是因为你的时间出了问题，而是因为你没有认真地去认识时间和利用时间。只有有效地掌控自己的时间，才能成为时间的真正主人，才会在职场之路上走得游刃有余。

"时间就是金钱。"这是美国开国元勋、大政治家、科学家富兰克林对时间的评价，很多人对此话都非常熟悉，但是真正去理解、重视它背后隐藏着什么含义的人却并不多，而绝大多数人依旧是一复一日地将自己的时间浪费在毫无意义的事情上。

有这样一个年轻人整天游手好闲。一天，他觉得这样的生活实在是了无生趣，于是就去拜访当地非常有名的一位哲人，希望这位高人能给他的未来指一条道儿。

哲人问他："你为什么来找我？"

年轻人回答道："到现在我一无所有，希望您能给我指一个方向，好知道自己以后的奋斗目标，这一辈子也不白活。"

哲人听后摇了摇头说："我并不觉得你一无所有啊，反倒和周围人一样，在你的时间银行里每天都存着 86400 秒的时间。"

年轻人听到这里，满脸不屑地说："你说的这些有什么用呢？它既不能给我带来别人羡慕的荣耀，也不能让我拥有锦衣玉食的生活。"

听到这里，哲人十分失望，断然打断了他的话，严肃地说："如果你不认为它们是珍贵的，那么你不妨去问一个死里逃生的幸运儿，他会告诉你一秒钟值多少钱；或是问一个刚刚与金牌失之交臂的运动员，他会告诉你一毫秒值多少钱？"

听了哲人的这番话，年轻人羞愧地低下了头。哲人继续说："年轻人，这个世界上根本没有白来的午餐，你想拥有荣誉、成就、锦衣玉食，能做的就是抓住现有时间，发现自己想做又能做好的事，只要坚信自己可以成功，脚下的路自然会慢慢明朗起来。”

的确如此，要想让人生变得绚丽丰富，就要懂得珍惜时间。如果不懂得珍惜时间，它就会像风一样从我们身边溜过，给你的日子留下一片苍白。

可是为何很多员工也清楚珍惜时间的重要性，整天在办公室也忙得不亦乐乎，但是办公桌上依旧有堆积如山、忙不完的工作呢？事实上，他们不是忙得没有时间，而是没有管理好自己的时间。

美国电影《反恐24小时》，吸引观众的是跌宕起伏的故事情节和各种化解险阻的惊险场面，但是抛开反恐情节方面的内容，如果单从时间管理的角度来看，这部影片也确实值得每一位职场员工好好学习学习。

电影主人公杰克在午夜12时接到这样一个反恐命令：必须在24小时内完成跟踪、考察、侦察这一系列的工作，这样才能成功识破恐怖集团的诡计。换句话说就是杰克要在非常有限的时间内，让自己始终保持冷静，并缜密地处理各种复杂事件，并最终成功完成上级下达的命令。面对如此复杂的任务，杰克所做的第一件事就是理清思路，先从要害处着手，并以此为突破口，再逐个理顺所有的事情。

这个故事的道理很简单，同样也适用于职场时间管理。很多员工还没有开始一天工作时，往往会为工作事务的杂乱如麻而抱怨不休，于是，不管三七二十一就急于“开工”，往往是时间没少耗费，结果却不尽人意。其实，学会管理时间不仅能提高工作效率，工作成绩也会翻番。正如现代管理学之父彼得·德鲁克所言：**“时间是最高贵而有限的资源，不能管理时间，便什么都不能管理。对时间的管理直接关系到工作效率的高低。”**

“开工”之前，我们应该把当天要完成的事务一个不落地记下来，并且按照事情的轻重缓急排个序。排完序之后,再依据工作大小,在每一项工作后面标出完成的时间限度。在梳理这项工作的过程中,我们就会清晰地知道一天当中哪些事情是重心,并随时提醒自己在规定的时间内完成每一项任务。

一项研究资料也再次证明,除了个人天生禀赋、机遇等外在因素的影响外,最终导致职场人士前途各异的最大根源就在于对时间的管理上。同样是在八小时内工作,时间利用率高的人能处理十几件事,而时间利用率的人只能处理二三件事。可千万不要小看两者之间的差距,要是照此差距来算,一年下来,时间管理能力强的与时间管理能力弱的人其产出结果会相差极大,或许这也可以理解,为什么在同等条件下,不同员工的仕途命运会有如此大的差距。

所以,每一位职场员工都不应被动地被时间牵着鼻子走,而是应该主动地掌控时间,如何在有限时间内创造出更好的业绩价值,才是值得每一位职场人士都必须高度重视的事情。

当然,要想做个真正的时间管理者,在同样的时间里让自己的工作更有成效,还得适时适宜地运用各种时间管理工具。下面几个时间管理工具对你或许会有所帮助。

1. **划分工作时区。**将一天时间分成几块来处理固定事情,可以帮你更快地完成工作,也避免被其他事情干扰。比如,在特定时间处理文件、阅读和回复 E-mail、打重要电话等。

2. **很快找到你要的东西。**一项调查资料表明,公司员工每年要把六周时间浪费在寻找乱放的东西上,这意味着每年要损失 10%的时间。对此,不妨干脆把没用的东西扔掉,把不扔掉的东西分门别类保管好。

3. **尽量一次就把工作做好。**调查发现,时断时续的工作方式最容易浪费时间,因为重新工作时,需要花费一些时间调整大脑活动及注意力,这样才能在停顿的地方接下去。

4. **不要拖拖拉拉。**不少员工做事缺乏激情、缺少果断,还时常找各种借口推迟行动，为解决这一问题，应该事先明确一项任务是否非做不可，是否能把可有可无的任务取消掉。同时还要理清工作思路，明确目标，并对目标进行分解，这样做事情时就比较容易拿出干劲去完成了。

5. **改进工作方法。**在处理一些较为复杂的事务时，要多动动脑子，换个角度解决问题，往往会挤出不少时间。

6. **充分利用零碎时间。**实际工作中，我们常会发现很多没有工作任务的时间段，时间长了，这些时间段累计起来就很可观。因此，学会利用这些时间片段，做有用的事情，你所做的事情自然比别人多很多，工作效率也会大大提高。

9　让反思成为职场成长的跳板

有这么一个脑筋急转弯。问："跌倒了之后干什么？"想必很多人会这样回答："爬起来。"然而事实上，当我们跌倒之后，真的就应该马上爬起来吗？不妨先看看下面这个故事吧。

一位徒步旅行者在行进途中，突然改变了事先规划好的路线，决定抄近道赶往目的地。但是刚上路没多久，他的脚就被什么东西绊了一下，摔倒在地上。可是，这个人并没有着急站起来，而是躺在那里，边揉受伤的脚边仔细打量脚下的草地。

这时他发现绊倒他的原来是一种丛生植物，在他摔倒的地上有很多这样的植物，走路一不留神就会被绊倒。然后，他又坐起来下意识地向四周望了望，在他不远处，有一片繁花绿草丛，而里面竟是一片可怕的沼泽。看到这些，他不免有些庆幸，庆幸自己没有急于爬起来赶路，而是留心想了想自己跌倒的原因。而且，他也感慨，自己原本以为安全的捷径，反倒暗藏着那么多的危险啊。

在通往目的地的路上，我们会有多种选择，无论你选择了哪条路，只要在行径的过程中，懂得反思，善于从中总结经验教训，并及时回头找一条更明智的路，这样终究能顺利到达你的目的地。上面这位徒步旅行者的经验就是最好的例子。

一旦走入错误路线，难免要遇到挫折和失败，如果能在摔倒时用心总结经验教训，才不容易让自己在同一个地点摔倒。要知道，很多时候，成功更需要你有一个善于反思、勤于总结的大脑。

在我国筹备2008年北京奥运会的过程中，曾发生过这样一个小插曲。为了确保奥运会使用的祥云火炬在世界五大洲135个城市的传递过程中不会熄灭，专家们进行了精心研究。考虑到火炬传递中最大难题就是被风吹熄，所以专家们为火炬设计了一种可以抗风的特殊装置。该装置可以使火炬在每小时30公里的风速中正常燃烧而不会熄灭，换句话说就是，在自然条件下，这种火炬能够抵御八级大风。

后来，当北京奥组委把火炬呈交给国际奥委会接受检验时，发生了一件令所有在场的人都目瞪口呆的事情。一名奥委会官员对着自己手中熊熊燃烧的火炬吹了口气，就在这一瞬间，火炬竟被这一口气给吹灭了。经过多次实验能抵得住八级大风的火炬竟抵不住人口吹出的一口气，这一不可思议的事情令研究人员倍感困惑。

之后，他们回到实验室反复检测，发现尽管从口中吹出的气只有每小时25公里的风速，而且也在火炬可以承受的范围之内，但是因为这个气流是在一瞬间吹出的，所以它所产生的加速度可以说是大得惊人，简直和飓风不相上下，看到这个结果，所有研究人员都颇感意外。

不过这也让他们发现了新的突破口，既然找到了问题的症结所在，当务之急就是尽快总结经验教训，于是，改进后的火炬很快就重新被设计出来了。

科技研究需要反思总结，职场生活同样如此。无数职场故事告诉我们，一个不具备总结反思能力的人，很难迅速成长起来。只有及时而认真地总结自己在工作、学习、生活中的各种经验与教训，才能走到成功的终点。那么，如何总结工作中的成败经验教训，不断提高自己的总结反思能力呢？

留一些思考、反省和总结的时间给自己，有时也许只是几分钟就能帮助自己发现不足，找到更高效、更便捷的工作方法和路径。

阿斌毕业后在一家私企谋职，一次在与人事主管的绩效面谈时，主管这样问他："你认为这个月你的工作进展得如何？"阿斌毫不谦虚地说："哎呀，这个月真是忙得团团转，好几个双休都加班，都快连轴转了！"

主管点头说："嗯，你的工作态度是值得肯定的，但是你有没有想过：这样忙忙碌碌地工作，有没有给自己留点总结思考的时间？工作任务是否按质按量地顺利完成了呢？"阿斌听到这里，略带委屈又无奈的表情摇了摇头。

主管接着说："如果你每天给自己留出哪怕10分钟的思考时间，对自己在工作上的行为反省一下自己，你的绩效可能会有新的提高，而且你也不会像现在这样忙得不可开交了。"

听了主管的一番开导，阿斌给自己制订了一个自省计划。每天早上醒来时，一改往日下意识地关掉闹钟、蒙头大睡的习惯，而是让自己坐起来靠在松软的床头上，默问三个问题：今天，我最重要的事情是什么？我应该如何做好？今天有什么事情让我期待和高兴？夜深人静之时，也会静下心来问自己三个问题：今天我的工作效率高吗？工作上有哪些得失？我是不是可以把工作做得更好，又该如何做呢？

经过一段时间的训练，阿斌不仅能有效地管理好了自己的工作时间，把工作做得条不紊,而且他的才能也在日渐上升的业绩中凸显出来,受到领导的赏识和重用。

认识自己的不足,不断充实自己,这样的人也是具有自我反省能力、具备自我反省精神的人,当然在工作中也会不断得到更大的进步。

工作中,韩叶给人的印象是勤勤恳恳、亲切温和,动手能力和学习能力都很强。但是,每每有同事对自己关心的问题提出不一样的看法时,她就会难于接受,甚至耿耿于怀,而且对于领导的批评也总是显得过于敏感,不愿意接受。结果本该可取得较好成绩的她,反倒一直业绩平平,很难得到老板的赏识与重用。

韩叶的问题就出在对自己的缺点认识不足,甚至对自己的不足还特别在意,这样只会一次又一次地犯同一个错误,不能很好地发挥自己的能力。其实,每个人都是有不足之处,当你用淡然的心态去自我反省时,往往能够从反省中发现自己的不足和差距,从而不断弥补自身缺陷,发挥自己的最大潜能,这样,你就会发现,成功离你也就不远了!

职场中难免会有失意期,遭遇波折与失败,要勇于学会反思,不断调整自己的心态,只要心不服输,就没有绝对的失败。

养成记工作日志的习惯。坚持记工作日志是每个职业人士不可不学的职业习惯。日记的内容可以是当天工作积累的知识技能、总结的经验教训、不经意间的一个创意点子,也可以是明天的工作计划,只要长期坚持下来不但能进一步梳理我们每天的工作行为,还能及时发现哪些工作是需要改进和提高的,而且这种记工作日志的习惯还是磨炼意志、锻炼毅力、增强韧性的好方法。

总之,为了在人际关系上多一些自如,少一些摩擦;在人生道路上多一些成功,少一些失败,我们就要时刻多反省一下自己,然而反思一次是易事,时时自我反省则是一件难事。因此,我们还需要多给自己一点压力、一点提醒。一个学会了自我反省的人,世界上也就再没有任何艰难险阻会阻碍他迈向成功的大门。

10 打造个人职场诚信

翻开《说文解字》，对“诚信”是这样解释的，“诚，信也”，“信，诚也”。由此可见，诚信的本义就是要诚实、诚恳、守信、有信。孔子也曾说，“人而无信，不知其可也”，“民无信不立”，这都说明诚信是人们千百年来一直推崇的美德。

可是一说到“诚信”这个词，很多职场人士往往最先想到的就是某些企业或管理层中存在的诚信问题，于是，只要工作中出现什么问题就会推给企业或管理层，反而把自己放在弱势的一边。不可否认，现今的确有相当多的企业存在隐瞒欺诈、假冒伪劣、弄虚作假等问题。但是又有多少职场中人会首先问问自己：“我诚信吗？我能赢得诚信吗？”我们不妨换个角度想一想，如果你自己没有打造好个人的职场诚信，又怎么能在工作中施展才华、实现梦想？又怎能期望企业对你诚信呢？

那么，作为一个职场人，该如何完善和打造个人的职场诚信呢？看过下面介绍的几招，相信你就会有所感悟了。

要打造个人的职场诚信，第一要做的就是清醒地认识到自己性格上的缺陷，并逐步弥补这种缺陷，假如不能很好地克服它，不仅难以获得成功，还会导致败笔连连。

在一次某区的处级领导公开选拔考试中，有着中学教学经验的李耀以优异的成绩被录用，年纪轻轻的就当了街道办事处的城管副主任。由于李耀在基层工作的实践经验不足，开始时有些事情往往处理得不太到位，但是大家都很体谅他，觉得他还是个有能力的人，只要磨炼磨炼就能胜任了。

一次，上级部门来检查工作，城管科的同事考虑到事情紧急，就没有通过李耀这位分管领导，而是直接向街道主任作了汇报和请示。可是，李耀得知后，非常不满，怀疑街道里的同事分明是在嫉妒自己，是不是想要把自己排挤出去。

于是，在以后的工作中，只要有同事出了点差错李耀就会大发雷霆，从此他与同事们的关系也搞得非常紧张。渐渐地，周围人对他疑神疑鬼的态度也越来越看不惯。就在一年试用期届满时，李耀也因考察不合格而未被正式任用。

李耀的症结就在于他心胸狭窄的性格，这种性格在很大程度上会制约诚信的实现，让他在职场上渐渐远离团队，也听不到最真实的声音。其实作为一个年轻得志的人，尤其要懂得豁达大度，即使别人真有做得不对之处，也不必疑神疑鬼地乱猜疑，而是应该以开放的心态给予团队及团队成员的信任。

生活在企业这个大环境，每一个职场人士都要有责任意识，处处以大局为重，这也是一种对诚信负责的态度与意识。

崔阳是一家家具厂的采购员。公司为了提高产品质量、增强市场竞争力，决定从东北引进一批优良木材，于是，派崔阳去采购这批木材。同事知道这个消息，无不羡慕这个“美差”，因为这次采购份额很大，只要在报价上施点小计，“外快”一定不少捞。

到了目的地后，崔阳没有直接去联系供货商，而是直奔木材市场，做了一个深入细致的调查。之后，他又联系了几个同行，彼此交流后，崔阳发现他要采购的这批木材的市场格比供货商的开价要低好几个百分点。于是，崔阳又马不停蹄地对当地木材市场做了进一步的调查，很快弄清楚了供货商的价格底线。

对于眼前这个事实，崔阳并没有隐瞒，而是立即把自己掌握的信息汇报给公司，在接到老板要求他全权负责的通知以后，崔阳开始找供货商谈判。由于之前他已经对木材市场有了全面有效的调查，所以在供货商的花言巧语面前并没有迷失方向，最终以合理的价格，为公司签了一个效益极其可观的大单子。

后来，崔阳也以自己对公司高度的责任感和认真负责的态度而很快受到公司的重用，并被任命为供应部门的主管经理，薪水自然也水涨船高了。

高报酬的薪水同样也意味着对公司要有更高的责任感和对职业更高的奉献精神，当你抱着“企业的事情就是自己的事情”的态度去工作时，自然能赢得更多诚信，从而做出一番成就。

不过仅具备良好的职业道德这一支撑诚信体系的软因素并不能让你在职场中站稳脚跟，而是否具有过硬的工作能力、亮出可喜的业绩才是支撑职场诚信度不可缺少的硬件。试想，一个人即便具备各种诚信潜质，如果工作能力上不去，业绩不出众，又如何能得到公司或同事对你的诚信呢？

阿牛无论在哪家公司、从事哪份工作，每到年底考核时，升迁、加薪这些美事都会与他无缘。眼看着与他同时入职，学历又相当的同事小陈、小张个个现在都有不错的表现，而且在新的一年里职位也有了进一步的提升，心里更是疑惑：为何我这样一个曾为公司付出很多心血、做出很多努力的员工却如此“倒霉”呢？回想这一年自己的收获，阿牛也有些懊恼，整整一年都没接到什么大单，“也许这是整个行业都不景气的缘故吧”，他总是这样开导自己。

可是他的同事小陈、小张的表现又是怎样呢？小陈以他三寸不烂之舌和精湛的业务能力，毫无疑问，握着公司里很多大客户资源。而小张虽然不像小陈那样有着丰富的客户资源，但是他也没让自己闲着，业余时间很少听他说去哪里消遣娱乐，而是挤时间为自己“充电”，遇到问题也是虚心向经验丰富的同事请教，自然他的业务能力也是让同事刮目相看的，即便是在行业不太景气的年月也能签下好几笔单子。

最近一次，业务主管找阿牛谈话，“我们也相信你是一名好员工，但是不得不遗憾地说，你并不适合在公司待下去，因为你一直没有像其他员工一样用业绩证明自己的优秀。而一个公司要想获得很好的生存和发展，就不能让任何人拖了它的后腿。”

业绩对公司和员工的重要性不言而喻，员工要证明自己的实力就要靠业绩说话。如果你拿不出响当当的业绩，那么你的结局也就不言而喻了。所以，作为职场人要不断增强个人工作能力，只要你有出色的业绩才能赢得更多人的认可，在团队和同事中的诚信度也就更高。

附 录

1 你对目前的工作满意吗

我们知道,100%满意的工作是不存在的,但是相对满意的工作会让人充满干劲,打消跳槽的想法,反之则不然。那么,你对目前的工作满意吗?有换工作的想法吗?一起做做下面的测试,可以评判对自己工作的满意度。

1.你工作时是否看表?

A.不看　　B.不忙的时候看　　C.不断地看

2.星期一早晨,你:

A.觉得自己愿意上班

B.希望获得不去上班的理由

C.开始工作时觉得很勉强,但过一会儿就置身于工作中

3.一天的工作快要结束时,你:

A.有时感到累,但通常很满足

B.为能维持生活而感到高兴

C.经常感到忧虑

4.你对自己的工作是否感到忧虑?

A.从来不感到忧虑

B.偶尔感到忧虑

C.经常感到忧虑

5. 你认为你的工作：

A. 使你做了从来没想到自己能做的事

B. 对你来说是大材小用

C. 很难胜任

6. 你属于以下哪种情况？

A. 我通常对自己的工作感兴趣，但有一些困难

B. 我不讨厌自己的工作

C. 我工作时总觉得心烦

7. 你用多少工作时间打电话或做些与工作无关的事？

A. 很少的时间

B. 一定的时间，特别是在个人生活遇到麻烦时

C. 很多时间

8. 你是否想换个职业？

A. 不想

B. 不是换职业，而是在本行业找个好的位置

C. 想换个职业

9. 你觉得：

A. 自己总是很有能力

B. 自己有时很有能力

C. 自己总是没有能力

10. 你认为你：

A. 喜欢并尊敬自己的同事

B. 比自己的同事差得多

C. 不喜欢自己的同事

11. 以下哪种情况最符合你的实际？

A. 我不想在工作方面再学什么东西

B. 我开始工作时很喜欢学习

C. 我愿意多学点与工作有关的东西

12. 你最赞成哪种说法？

A. 工作就是赚钱谋生

B. 工作主要为了赚钱，但如果可能，应当有令人满意的工作

C. 工作就是生活

13. 你是否加班加点地工作？

A. 如果付加班费就加班

B. 从不加班加点

C. 经常加班加点，即使没有加班费也是如此

14. 去年除了假日或病假外，你是否还缺过勤？

A. 经常缺勤　　B. 仅有几天缺勤　　C. 没有缺勤

15. 你认为自己：

A. 工作没劲头　　B. 工作劲头一般　　C. 工作劲头十足

16. 你认为自己的同事们

A. 不喜欢你

B. 并非不喜欢，只是不特别友好

C. 喜欢你

17. 对于工作方面的事，你：

A. 能避免就不谈

B. 只和同事们谈

C. 同家里人或朋友们谈

18. 在家庭与工作发生矛盾时（如家里有人患病了），你先顾哪一方面？

A. 每次都是先顾家庭

B. 如果家里确实有紧急情况，就先顾家庭，反之则先顾工作

C. 每次都是先顾工作

19. 如果少付你三分之一的工资，你是否愿意干这项工作？

A. 不愿意

B. 本来愿意，但负担不了家庭生活，只好作罢

C. 愿意

20. 如果你被列为多余的工作人员而应离开,你首先想的是什么?

A. 钱　　B. 工作本身　　C. 所在的公司

21. 你觉得自己在工作中不受赏识吗?

A. 经常这样想　　B. 很少这样想　　C. 偶尔这样想

22. 关于你的职业,你不喜欢哪一点?

A. 乏味

B. 自己支配的时间太少

C. 总不能按自己的想法做事

23. 你是否把个人生活与工作截然分开(请你爱人回答这个问题)?

A. 完全没有分开

B. 严格分开

C. 时常分开,但也有些不分开的地方

24. 你是否希望自己的孩子做你从事的工作?

A. 不会,而且要警告他不要做这种工作

B. 是的,如果他有能力并且适合的话

C. 不希望他做,也不反对他做

25. 你会为了消遣一下而请一天事假吗?

A. 会的

B. 不会

C. 如果工作不太忙,就有可能

答案:

评分标准:1～10:A、2 分 B、1 分 C、0 分; 11～19:A、0 分 B、1 分 C、2 分; 20～25:A、0 分 B、2 分 C、1 分。

得分在 0～15 分之间:

你对目前的工作很不满意,可能待遇很不符合你的要求,或者目前的领导或同事对你不是很友好,或者是不能发挥你的特长和能力。建议你调整心态,重装待发。

得分在15～40分之间：

你对目前的工作不太满意，可能觉得目前不是很差，但公司目前的待遇和机会不足以体现你的能力，暂时又没有找到心目中更理想的职业，所以态度犹豫，还不能全身心投入工作。建议你暂时打消跳槽的心态，抱着学习和锻炼的态度，积极发挥自己的才能。这样无论将来去或留，都能为进一步的发展积累宝贵的经验。

得分在41～50分之间：

恭喜你啦！你已经找到称心如意的工作。你对目前工作很满意，这份职业能发挥你的能力。如果在工作多加用心，就必能创一番事业。

2 你有清晰的职业规划吗

可以说，跳槽是成功与否的背水一战，谁能在这场“战争”中获胜，关键就看谁拥有清晰的目标规划。方向如旗帜，只有目标清晰，对自己有良好的职业规划，才能摒弃浑浑噩噩的日子，才能避免做职场“跳蚤”，也才能让自己一步一个脚印地奔着目标前进。

下面就来做一个关于职业方向的测试，请根据自己的实际情况进行回答：

1. 对自己未来的职业目标十分清晰

A. 是　　B. 否　　C. 拿不准

2. 知道自己适合做哪种类型的工作

A. 是　　B. 否　　C. 拿不准

3. 对于预定的工作目标，能够积极完成

A. 是　　B. 否　　C. 拿不准

4. 目前正在努力实现工作目标

A. 是　　B. 否　　C. 拿不准

5. 对自己的工作目标有足够的信心

A. 是　　B. 否　　C. 拿不准

6. 能够在同一个工作岗位上坚持三年

A. 是　　B. 否　　C. 拿不准

7. 对目前的工作内容充满兴趣

A. 是　　B. 否　　C. 拿不准

8. 喜欢目前的工作

A. 是　　B. 否　　C. 拿不准

9. 能够主动从工作中找乐趣

A. 是　　B. 否　　C. 拿不准

10. 对自己在哪里工作都十分自信

A. 是　　B. 否　　C. 拿不准

说明:回答“是”得3分,回答“否”减1分,回答“拿不准”得1分,然后将各题得分加起来,算出总分。

答案:

总分在16分及以上:

拥有这样的分数说明你最自己的职业有很好的规划,目标也很清晰。即使此时的你正被短暂的困惑包围着,但你正在厚积薄发,处于非常积极的进取状态中。如果你是一名身经百战的职场老手,也许你的工作会更加顺利下去。如果你是一个刚刚涉职的新人,尽管有良好的方向感和奋斗精神,但仍需要审时度势,继续保持目前的工作激情。

总分在10～16分:

说明你当前的职业方向感较一般,虽然也有自己的职业追求,但是方向不够明确,很容易受到别人的影响,比如别人跳槽你也跟着跳。由于一直处于犹豫、彷徨的状态中,因此很容易出现理想与现实的冲突。目前最需要做的就是要认清自己的目标,并作出具有远见的职业规划,不让自己盲目跳槽。

总分在10分以内:

此时的你在工作中常常缺乏自信心，也没有什么成就感，同时对自己的职业方向也不明确，常常茫然无措，不知道自己到底想要什么。一味地换工作，让你对目前的职业更加没有把握和规划，因此，要改变目前的状态，就需要在专家的指导下对职业目标和价值观重新进行定位。

3　工作有必要换吗

普遍认为，仅在一家公司供职不足一年就离职是相当不明智的，除非有万不得已的情况。因为频繁地换工作会让别人觉得你缺乏稳定性。但是不换工作，你心中又“痒”得不行，似有毛虫在爬行。那么，到底适合不适合换呢？下面就通过测试来看吧。

1. 你觉得公司所在行业的前景：

A. 正在走下坡(1分)；

B. 像一件太紧的内衣，令人很不舒服(1分)；

C. 稳如泰山(1分)；

D. 像一件穿了很舒服的老旧牛仔裤(1分)。

2. 在公司表现不错，你可以获得：

A. 肩膀上被拍几下(1分)；

B. 开什么玩笑，在这里只有那些溜须拍马的混混儿才被重用(1分)；

C. 在我公司里，没有所谓“表现不错”(1分)；

D. 尊敬，重用和奖励(2分)。

3. 公司老板与员工之间的关系：

A. 像《红楼梦》里的王熙凤与平儿(1分)；

B. 老板很帅，像《泰坦尼克号》里的莱昂纳多(1分)；

C. 我几天也见不到老板一次(1分)；

D. 还行啦！老板做事蛮公平的(2分)。

4. 目前的工作:

A. 整天都有麻烦事儿,只盼着下班(1 分);

B. 马马虎虎啦,做一天和尚撞一天钟呗(1 分));

C. 难度很大,我有点怯阵(1 分);

D. 很有挑战性,信心百倍(2 分)。

5. 整体而言,我的同事……

A. 对我的私事比对他们自己的工作更感兴趣(1 分);

B. 比我老爸、老妈更烦(1 分);

C. 同事?你是指坐电脑旁玩接龙游戏的那个人吗?(1 分);

D. 他们是我所信任的人,也使我很快乐(2 分)。

6. 你有工作安全感吗?

A. 我觉得朝不保夕(1 分);

B. 我不可能逃过解雇这一劫(1 分);

C. 像隔壁小杂货铺里老爷爷想要对抗万客隆的心情(1 分);

D. 固若金汤(2 分)。

答案:

6 分以下:你也许该好好寻求新机遇的时候了。

分数在 7~10 分:不管必要不必要,你随时准备换工作。

10 分以上:工作没换的必要。

4 你应该换工作还是换思维

如今,你对自己的工作满意吗?是否正在考虑去留的问题?或者即将成为跳槽大军中的一员?其实有时候,要换的不是给我们能带来消费资本的工作,而是我们的思维。思维决定着我们的态度,态度又影响着我们的选择,所以,在打算换工作前,先问问自己是否应该换个思维了。

1. 对于目前的工作,你的感觉是:

A. 有十分清晰的规划, 对未来充满信心

B. 无论是工作内容还是工作环境,都觉得提不起工作的兴趣

C. 虽然有些烦琐,但还是有信心做好

2. 每天到公司后,首先要做的是:

A. 开启电脑,倒杯浓咖啡,之后准备工作

B. 冲杯咖啡,与同事聊聊天,再到化妆室补妆,最后翻阅征聘广告

C. 用聊天工具与他人聊聊天,然后收发发送私人电子邮件,与他人聊闲一会儿私人电子邮件

3. 周五快下班时,你的感觉是:

A. 终于把手头的工作做完了,可以好好享受周末了

B. 反正时间也不够用了,剩下的工作就下周再做吧

C. 对自己一周来的表现比较满意

4. 如果下班时间到了,但是工作还没做完,你会:

A. 继续加班

B. 赶快离开

C. 明天完成

5. 上司称赞你的能力并暗示可能会提升你,不过要看你新任务的完成情况,你会:

A. 抓住这次提升的好机会,努力完成交代的任务,好好表现

B. 早有离开的想法了,不情不愿地接下新任务

C. 提升的机会令你兴奋,但艰难的新任务又令你有压力,希望以后这样的事情不要出现

6. 如果某天有家猎头公司以 500 元的加薪幅度邀你跳槽,你会:

A. 不为所动,继续做好自己手头的工作

B. 欣然答应,心里暗想对方应早点开口

C. 为能跳槽而高兴,并期待下一个机会

7. 如果有天你发现自己已经在公司做了三年以上,你的第一反应是:

A. 对工作依然充满新鲜感与刺激感

B. 惊讶，一想到未来还将在这里原地踏步就沮丧

C. 意外，并觉得自己已习惯这种上班的生活

8. 即将开始工作表现评估，当上司问你对未来两年的规划时，你心想：

A. 继续留在原岗位，并相信自己的理想能在公司实现

B. 先卧槽，若有好机会，绝对离开

C. 留在原岗位有提升可能，但不排除跳槽

9. 你认为自己最大的工作动力是：

A. 富有挑战性和能带来新知识的新任务

B. 双休，每年享受额外的带薪假期

C. 有好的工作环境和氛围

答案：

选 A 较多：

说明你是位肯为工作献身的员工，而且充满干劲，条理清晰。可以说，你对目前的工作感到满足且有兴趣，前途是一片光明的。因此，你应该排除换工作的想法，继续保持目前的工作劲头儿。

选 B 较多：

可以说，此时的你对工作几乎没有一点兴趣，对工作时时充满抱怨和不满，甚至还因此而与同事、领导等关系较僵。另外，懒散与畏惧是你滞留在原地的主因。若想改变这种境况，先要改变你对工作的认识，给自己换上一个积极向上，充满热忱与活力的工作态度。

选 C 较多：

目前你对工作的兴趣已到瓶颈的地步，但出于各种原因，你仍然选择继续留守，希望自己在公司还有前途，因此，你总是优柔寡断的。这种状况即使换了新的工作，也不见得就能完全改变，所以，目前最好的策略是一方面让自己在工作中找到乐趣，另一方面继续为自己充电累积资本。

2010年网络流行语盘点

1. 神马都是浮云

出处："神马都是浮云"乃是"什么都是浮云"的谐音，意思是什么都不值得一提。而这一句式的流行则源于国庆期间红遍网络的"小月月"事件，"小月月"以极其诡异的言行雷倒众生。"神马"和"浮云"的神奇之处，则是当这两个词结合在一起时便可组成万能句式，推之四海皆可用，成为无数网友的口头禅。

造句：加班就加班，神马都不要说，说了也是浮云。

点评：在神马和浮云面前，任何言语都是苍白的。

2. 给力

出处：在2010年世界杯期间，由于与球场的氛围相合，"给力"一词开始成为网络热门词汇。"给力"一词究竟从哪来的呢？据说是源自中文配音版本的日本搞笑动漫《西游记——旅程的终点》。画面一开始，师徒历经磨难到达天竺后，却发现所谓天竺只有面小旗子，上书"天竺"二字。悟空不无抱怨地说："这就是天竺吗，不给力啊老师。"所谓"不给力"就是形容和自己预想的目标相差甚远。而"给力"自然就是有作用、给劲、带劲的意思了。11月10日，该词上了人民日报头版标题，更被普遍认为是网络语言"转正"的标志。近来，"gelivable"这一由"给力"生造出来的英文词汇也开始走红。

造句：哥，你实在太给力了。

点评：强大的字幕组，你们的翻译越来越天马行空啦！

3. 我爸是李刚

出处：10月16日晚发生在河北保定的一起交通事故中，肇事的官二代高喊："有本事你们告去，我爸是李刚！"此事迅速成为网友和媒体热议的焦点，"我爸是李刚"也迅速成为网络流行语，更衍生出"鲤冈鲅"这一生物，并虚构其生性好斗凶残，通常为官宦饲养。

造句：不是所有牛奶都叫特仑苏，不是所有爸爸都能叫李刚。

点评：这难道是一个"爸"权社会？

4. 羡慕嫉妒恨

"羡慕嫉妒恨"，一语五字，蕴含着丰富的内容——恨源于嫉妒，嫉妒源于羡慕。

对一个人来说，被人嫉妒即等于领受了嫉妒者最真诚的恭维，是一种精神上的优越和快感；而嫉妒别人，则会或多或少地透露出自己的自卑、懊恼、羞愧和不甘，对自信心无疑是一个打击。学到知羞处，才知艺不精，一个人正是透过嫉妒这种难于启齿的情感，才真切地意识到了自己的不如人处，临渊羡鱼，不如退而结网。

5. 你应该知道的

出处：×××，你应该知道的。这是×××的一句广告语，×××登陆中国后这是首次做公共的广告宣传，此语一出，迅速被流传为网络流行语，多形容一个人的孤陋寡闻。如果你说你不知道×××，那你一定会被认为是时代的拖后腿者。

造句：小月月，你应该知道的！

点评：世界之大，变化之迅速，难免我们会不知道一些新鲜事物，这就需要我们多多努力，否则就会被人说为out。

6. 鸭梨

出处："鸭梨"是"压力"的谐音。百度贴吧中某才子有意无意间将"压力"打成"鸭梨"，引得贴吧中无数人模仿。而"鸭梨山大"也逐渐走红。

造句:且把"压力"当鸭梨,啃下它,你就是胜利者! 面对生活,至少还要有"笑熬糨糊"的勇气!

点评:将压力这一令人郁结的词语稍一改写,竟解读出了几分娱乐特质。

7. 非常艰难的决定

出处:11月初的3Q大战想必不少人记忆犹新,此语便出自11月3日晚腾讯发表的《致广大QQ用户的一封信》,信中最经典台词为"我们作出了一个非常艰难的决定"。随后网民开始模仿"QQ体",并在几小时内便风靡网络。

造句:阿迪达斯刚刚作出了一个非常艰难的决定,一旦检测到用户身上有耐克,衣服、鞋将自动变成透视装。

点评:谁比谁更艰难?

8. 蒜你狠系列

出处:"蒜你狠"源于大蒜价格疯涨,甚至比肉、鸡蛋还贵后人们的无奈。网友据著名相声演员马三立的相声段子发明了"豆你玩",是继"蒜你狠"后的又一流行用语。而在"豆你玩"之后,糖高宗、姜你军、油你涨、苹什么、鸽你肉,大批"三字经"犹如一副推倒的多米诺骨牌,形象地展示出食品接力涨价的现状和群众的无奈和抗议。

造句:如上。

点评:还要给多少物资起名字?

9. 围脖(微博)

出处:"围脖"是微博的谐音,它从去年开始进入大众视野,并于今年渐入佳境。从唐骏和方舟子的学历门之争,到河北的"我爸是李刚"事件,再到上海11.15火灾的网上直播,微博在几次事件中均表现出其便捷性和实时性的特点,于当今的互联网生活中扮演起越来越重要的角色。

造句:这年头,没个围脖,还真不好意思跟人打招呼。

点评:资讯越来越多,耐心越来越少,微博的出现正是时候。

10. 凡客体

出处:"凡客体"本是广告商为某服装品牌设计的创意文案,意在戏谑主流文化,彰显品牌个性。没想到,这一以明星效应为卖点的创意文案成了网友调侃的利器,网络上迅速出现了大批采用该文体恶搞明星及虚拟人物的帖子,明星们纷纷中招,网友为他们量身定做的广告语也满是"哪壶不开提哪壶"的黑色幽默。

造句:爱美食,爱红色,爱足球,爱世界杯,爱占卜比赛输赢。哥不是传说,不是巫师,哥是保罗。哥不介意有球迷要吃我,哥和你一样,哥是凡客!

点评:整个网络都在为"凡客"做广告啊!

11. 不怕狼一样的对手,就怕猪一样的校友

出处:如果你使用有自动更新功能的输入法便会发现,作为时下最热门"群体"之一,"西毕生(西太平洋大学毕业的学生)"3个字已被列为常用词条。这是网友针对方舟子揭秘唐骏学历造假系列事件创造出来的流行语,泛指从类似美国西太平洋大学这样资质存疑的国外"名校"获得学位的学历掺水的人。同样理由,"不怕狼一样的对手,就怕猪一样的校友"这句话也在此事件后大亮。

造句:如上。

点评:遥望方鸿渐的克莱登,西毕生笑而不语。

12. 闹太套

出处:某明星在演唱歌曲《OneWorld OneDream》时,由于对notatall的发音酷似"闹太套"而遭网友调侃,从此得名"闹太套"教主,此词也因此成为网络流行语之一,以此嘲笑许多明星为了显示自己的与众不同却弄巧成拙。

造句:做人不能"闹太套",说英文让人笑。

点评:教主发音的确不太标准,不过,你能保证你就没有"闹太套"的一天。做人要厚道!